Le calcul

DANS LA MÊME COLLECTION

Conjugaison française, Librio n° 470
Grammaire française, Librio n° 534
Conjugaison anglaise, Librio n° 558
Le calcul, Librio n° 595
Orthographe française, Librio n° 596
Grammaire anglaise, Librio n° 601
Solfège, Librio n° 602
Difficultés du français, Librio n° 642
Vocabulaire anglais courant, Librio n° 643
Conjugaison espagnole, Librio n° 644
Dictées pour progresser, Librio n° 653
Dictionnaire des rimes, Librio n° 671
Le français est un jeu, Librio n° 672
Figures de style, Librio n° 710
Mouvements littéraires, Librio n° 711
Grammaire espagnole, Librio n° 712
La cuisse de Jupiter, Librio n° 757
Maths pratiques, maths magiques, Librio n° 763
Le dico de la philo, Librio n° 767

Mathieu Scavennec

Le calcul
Précis d'algèbre et d'aritmétique

Inédit

© E.J.L., 2003

SOMMAIRE

Introduction 7

I- LES NOMBRES
    1 - Les nombres entiers naturels 9
    2 - Les nombres décimaux 10
    3 - Comparaison de nombres 12

II- LES OPÉRATIONS DU CALCUL
    1 - Addition 14
    2 - Soustraction 16
    3 - Multiplication 18
    4 - Division 23

III- NOMBRES EN ÉCRITURE FRACTIONNAIRE
    1 - Fractions 27
    2 - Calculer avec des fractions 32
    3 - Comparaison de fractions 34
    4 - Quotients 35
    5 - Quotients de fractions 39

IV- LES NOMBRES RELATIFS
    1 - Premières notions 41
    2 - Comparaison de nombres relatifs 42
    3 - Calculer avec des nombres relatifs 43
    4 - Quotients et nombres relatifs 47

V- LES PUISSANCES
    1 - Les puissances de 10 49
    2 - Écriture scientifique 51
    3 - Puissance d'un nombre 53

SOMMAIRE

VI- CALCULER AVEC DES LETTRES
1 - Le calcul littéral 56
2 - Développer et factoriser 59
3 - Les identités remarquables 62

VII- RACINES CARRÉES
1 - Racine carrée d'un nombre positif 66
2 - Calculer avec des racines carrées 68
3 - Comparaison de racines carrées 71

VIII- ÉQUATIONS ET INÉQUATIONS
1 - Équation du premier degré à une inconnue 72
2 - Équations se ramenant
    à des équations du premier degré 77
3 - Mettre un problème en équations 79
4 - Système d'équations 80
5 - Inéquations à une inconnue 86

IX- PROPORTION ET POURCENTAGES
1 - Proportionnalité 90
2 - Pourcentages 93

Table des symboles 95

INTRODUCTION

L'arithmétique et l'algèbre sont deux branches des mathématiques que l'on a souvent opposées. L'arithmétique élémentaire est avant tout la science des nombres. Elle a pour vocation l'étude de leurs propriétés, en particulier celles des entiers. Elle complète l'algèbre, qui est la science des équations. La première privilégie le raisonnement alors que la seconde cherche plutôt à donner des outils systématiques pour parvenir à la solution.
Cet ouvrage a pour objectif de rappeler les notions élémentaires de ces deux disciplines. Il s'adresse non seulement aux collégiens soucieux de parfaire leurs connaissances, mais aussi à toutes les personnes désireuses d'acquérir ou de se remémorer les savoirs de base.
Ce manuel suit une progression logique tout en conservant l'autonomie de chacun des chapitres, consultables séparément. Les définitions sont facilement identifiables grâce aux encadrés, ainsi que les règles, formules et propriétés essentielles signalées par de petites icones. Les pièges à éviter font l'objet de paragraphes spécifiques. Enfin, les nombreux exemples, placés le plus souvent en tête de chapitre, permettent d'ancrer la logique mathématique dans des situations concrètes et imagées.

I
LES NOMBRES

1 - LES NOMBRES ENTIERS NATURELS

Le nombre de crayons de couleur dans une trousse, le nombre de pages dans un livre, le nombre de chaises dans une salle de classe sont autant d'exemples de nombres entiers naturels.

Dans le premier exemple, le crayon est *l'unité* et, si on ajoute à ce crayon un autre crayon, on obtient le nombre *deux*. De proche en proche, on construit ainsi la suite naturelle des nombres entiers :

Un, deux, trois, quatre, cinq, six, sept, huit, neuf, dix, onze, douze, treize, etc.

S'il n'y a aucun crayon dans la trousse, on dit qu'il a *zéro* unité. On dispose de dix signes ou chiffres pour écrire les nombres entiers :

zéro	un	deux	trois	quatre	cinq	six	sept	huit	neuf
0	1	2	3	4	5	6	7	8	9
⬭	•	••	•••	••••	•••••	••• •••	•••• •••	•••• ••••	••••• ••••

Un nombre s'écrit à l'aide de ces dix chiffres et cette technique de numérotation s'appelle la **numération en base dix**.
Elle obéit à quelques règles simples :

- Le premier chiffre à droite représente le chiffre des unités du premier ordre.
- Dans cette écriture, chaque chiffre représente 10 fois moins que celui qui est à sa gauche.
- Le chiffre 0 tient la place des ordres qui manquent.

Ainsi la position des chiffres indique combien il y a d'unités, de dizaines, de centaines...

Classe des milliards			Classe des millions			Classe des mille			Classe des unités		
Centaines de milliards 12ᵉ ordre	Dizaines de milliards 11ᵉ ordre	Unités de milliards 10ᵉ ordre	Centaines de millions 9ᵉ ordre	Dizaines de millions 8ᵉ ordre	Unités de millions 7ᵉ ordre	Centaines de mille 6ᵉ ordre	Dizaines de mille 5ᵉ ordre	Unités de mille 4ᵉ ordre	Centaines 3ᵉ ordre	Dizaines 2ᵉ ordre	Unités 1ᵉʳ ordre
								3	0	5	4
					2	7	0	5	3	0	8

3 054 = 3 000 + 50 + 4 soit 3 milliers, 5 dizaines et 4 unités.
2 705 308 = 2 000 000 + 700 000 + 5 000 + 300 + 8
soit 2 millions, 7 centaines de mille, 5 milliers, 3 centaines et 8 unités.

 Ne pas confondre chiffre et nombre.

- **Exemple :**

  547 est un *nombre* qui s'écrit à l'aide des *chiffres* 5, 4 et 7. C'est la même nuance qu'il y a entre lettre et mot.

De nos jours, la base dix s'est répandue universellement. On utilise cependant d'autres bases comme la base soixante pour les heures, minutes, secondes ainsi que les bases deux, huit et seize en informatique.

2 - Les nombres décimaux

Les nombres décimaux sont par excellence les nombres de la vie courante, du commerce et des sciences. Pour mesurer précisément une longueur, une aire ou toute autre grandeur, on est amené à partager l'unité en 10, 100, 1 000... parties égales.

I- LES NOMBRES

• *Exemple :*

L'unité de prix (l'euro) est partagée en 100 parties égales appelées centimes.
Si un article coûte 7 euros et 65 centimes, on écrit 7,65 €.

La partie située à gauche de la virgule s'appelle **la partie entière**, celle située à droite de la virgule **la partie décimale**. Les chiffres de la partie décimale sont les **chiffres décimaux**.

• *Exemple :*
157,904
Partie entière : 157   Partie décimale : 0,904

Chiffre des mille	Chiffre des centaines	Chiffre des dizaines	Chiffre des unités	Chiffre des dixièmes	Chiffre des centièmes	Chiffre des millièmes	Chiffre des dix-millièmes
	1	5	7	9	0	4	

Convention d'écriture : dès que c'est possible, on supprime les zéros inutiles.

• *Exemple :*
00825,0750 = 825,075
825,075 est l'écriture décimale réduite.

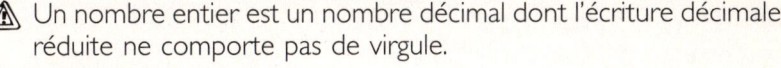 Un nombre entier est un nombre décimal dont l'écriture décimale réduite ne comporte pas de virgule.

• *Exemple :*
13,0 = 13.

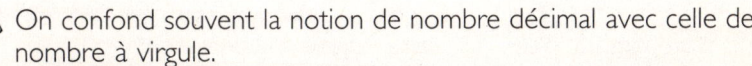 On confond souvent la notion de nombre décimal avec celle de nombre à virgule.

• *Exemple :*

Le nombre 0,33333... qui comporte une infinité de chiffres après la virgule n'est pas un nombre décimal car le nombre de chiffres significatifs après la virgule ne s'arrête pas.

I- LES NOMBRES

3 - COMPARAISON DE NOMBRES

Comparer deux nombres, c'est déterminer s'ils sont égaux ou bien, dans le cas où ils sont différents, déterminer le plus grand des deux. On dispose pour cela des symboles suivants :

symbole	=	≠	<	>
signification	égal à	différent de	inférieur à	supérieur à
exemple	2 = 2,0	1 ≠ 2	1 < 2	2 > 1

a - Comparaison de nombres entiers

* Si deux nombres entiers n'ont pas le même nombre de chiffres, le plus grand des deux nombres est celui qui a le plus de chiffres.

• *Exemple :*
1 000 > 999

* Si deux nombres entiers ont le même nombre de chiffres, on compare les chiffres de même rang à partir de la gauche.

• *Exemples :*
[2]000 > [1]999 car **2** est plus grand que 1.
3[5]18 < 3[8]05 car **8** est plus grand que **5**.

Cette méthode est appelée *méthode lexicographique* et elle est basée sur le principe du dictionnaire.

b - Comparaison de nombres décimaux

* On examine les *parties entières* des deux nombres que l'on compare. Le plus grand est celui qui a la partie entière la plus grande.

• *Exemple :*
[11],99 < [12],01 car la partie entière **11** est plus petite que la partie entière **12**.

* Si les parties entières sont égales, on compare alors les *parties décimales* chiffre à chiffre à partir des dixièmes suivant la méthode lexicographique.

- *Exemple :*

    23,54**3** 7 < 23,54**5** car le chiffre des millièmes **3** est plus petit que le chiffre des millièmes **5**.

 Cet exemple montre que ce n'est pas le nombre qui a le plus de décimales qui est forcément le plus grand.

c - Ranger des nombres

On dit que des nombres sont rangés dans **l'ordre croissant** lorsqu'ils sont rangés *du plus petit au plus grand*.

- *Exemple :*

    Les nombres suivants sont rangés dans l'ordre croissant :
    1,6 < 2,4 < 6,29 < 6,3 < 7 < 8,357 < 8,4 < 9,5

On dit que des nombres sont rangés dans **l'ordre décroissant** lorsqu'ils sont rangés *du plus grand au plus petit*.

- *Exemple :*

    Les nombres suivants sont rangés dans l'ordre décroissant :
    11 > 10,9 > 10,89 > 10 > 9,81 > 9,452 > 9,326 > 9,2

II
LES OPÉRATIONS DU CALCUL

1 - Addition

a - Somme et addition

Qu'est-ce qu'une somme ?

> **Définition**
> Chaque fois que l'on réunit des objets identiques, le résultat s'appelle une somme.

• *Exemple :*

```
        8 billes      4 billes     12 billes
        ••••          ••••         ••••••
        ••••                       ••••••
```

Si on réunit une collection de huit billes et une collection de quatre billes, on constate que l'on obtient douze billes (voir schéma ci-dessus). On en conclut donc que la somme de 8 et 4 est égale à 12. Ce que l'on écrit

$$8 + 4 = 12$$

> **Définition**
> On appelle addition l'opération qui permet de calculer la somme de deux ou plusieurs nombres.

b - Addition de nombres entiers

Démarche : Pour effectuer une addition, on décompose chaque nombre en unités, dizaines, centaines... On additionne ensuite les unités avec les unités, les dizaines avec les dizaines, les centaines avec les centaines et ainsi de suite.

• *Exemple :*

156 + 267 = (100 + 50 + 6) + (200 + 60 + 7)
= (100 + 200) + (50 + 60) + (6 + 7)
= 300 + 110 + 13
= 423

C'est ce principe que l'on utilise dans la technique de l'addition.

Méthode : Pour effectuer « à la main » une addition, il faut prendre bien soin d'aligner les chiffres de même rang.

• *Exemple :*

```
  1 5 6
+ 2 6 7
-------
  4 2 3
```

On commence le calcul par la colonne de droite : **6 + 7 = 13**.
On pose 3 dans la colonne des unités et on retient 1 (1 dizaine).
On recommence avec la colonne des dizaines : **1 + 5 + 6 = 12**. On pose 2 dans la colonne des dizaines et on retient 1 (1 centaine), et ainsi de suite.
156 et **267** sont les *termes* de l'addition, le résultat **423** est la *somme*.

c - Addition de nombres décimaux

Le procédé opératoire est identique à l'addition de nombres entiers : on aligne les chiffres de même rang ainsi que les virgules.

• *Exemple :*

```
  2 6 3 4, 2 5
+ 1 5 7 8, 7 3 5
-----------------
  4 2 1 2, 9 8 5
```

On effectue l'addition en commençant par la droite, puis on place la virgule du résultat sous les deux virgules des deux nombres.

d - Propriétés de l'addition

L'ordre n'intervient pas dans l'addition et l'on peut permuter l'ordre des termes sans que le résultat change.

> **Propriété**
>
> *a* et *b* sont deux nombres.
> $$a + b = b + a$$
> On dit que l'addition est **commutative**.

- *Exemple* :
  $2,5 + 4,7 = 7,2$
  $4,7 + 2,5 = 7,2$ } Les résultats sont identiques.

Lorsque l'on additionne plus de deux termes, on peut les regrouper de toutes les façons sans que le résultat change.

> **Propriété**
>
> *a*, *b* et *c* sont trois nombres
> $$a + (b + c) = (a + b) + c$$
> On dit que l'addition est **associative**.

- *Exemple* :
  $12 + (19,5 + 1,5) = 12 + 21 = 33$
  $(12 + 19,5) + 1,5 = 31,5 + 1,5 = 33$ } Les résultats sont identiques.

2 - Soustraction

a - Différence et soustraction

Qu'est-ce qu'une différence ?
Sur une table se trouve une collection de 15 livres. On en retire 6. Le nombre de livres restants est la *différence* entre 15 livres et 6 livres.

> **Définition**
>
> La différence de deux nombres est le nombre qu'il faut ajouter au plus petit pour avoir le plus grand.

II- LES OPÉRATIONS DU CALCUL

- *Exemple :*

  On sait que 6 + 9 = 15. Donc la différence entre 15 et 6 est 9.
  On note 15 − 6 = 9.

  > **Définition**
  > On appelle soustraction l'opération qui permet de calculer la différence de deux nombres.

b - Soustraction de nombres entiers

Démarche : On décompose chaque nombre comme pour l'addition. On soustrait quand cela est possible les unités avec les unités, les dizaines avec les dizaines et ainsi de suite.

- *Exemple 1 :*

  56 − 39 = (50 + 6) − (30 + 9)

  La soustraction du nombre d'unités du petit nombre (9) de celui du grand nombre (6) n'est pas possible. On ajoute 10 au grand nombre et 10 au petit nombre. La différence reste inchangée.

  56 − 39 = (50 + 10 + 6) − (30 + 10 + 9)
         = (50 + 16) − (40 + 9)
         = (50 − 40) + (16 − 9)
         = 10 + 7
         = 17

  Pour rendre l'opération possible, on a appliqué le mécanisme de la retenue.

Méthode : Pour effectuer « à la main » une soustraction, il faut commencer par écrire le nombre le plus grand. On écrit en dessous du premier le deuxième nombre en alignant les chiffres de même rang.

- *Exemple :*

     2 3 2 4
  −   1 5 3
     2 1 7 1

  On commence le calcul par la colonne de droite : **4 − 3 = 1**.
  On pose 1 dans la colonne des unités et on continue avec la colonne des dizaines. Le

calcul **2 − 5** est impossible : on le remplace par **12 − 5 = 7** et on compense en donnant une centaine sous forme de retenue. D'où le calcul **3 − 2 = 1**. Enfin, on abaisse le dernier chiffre **2**.

2 324 et **153** sont les *termes* de la soustraction, le résultat **2 171** s'appelle la *différence*. Elle n'est possible que si le premier terme est supérieur au second.

c - Soustraction de nombres décimaux

La technique opératoire est la même que pour les entiers : on aligne les chiffres de même rang les uns sous les autres ainsi que les virgules.

• *Exemple :*

```
   5 7,4, 8,0
 −   ,6 5,,1 6
   5 0 9, 6 4
```

On commence par la droite : la différence **0 − 6** est impossible, on effectue **10 − 6 = 4** et on retient 1 dans la colonne suivante. On effectue la différence **8 − 2 = 6** et ainsi de suite. On place la virgule du résultat sous les deux virgules des deux nombres.

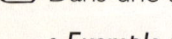 Dans une soustraction, l'ordre a de l'importance :

• *Exemple :*
45 − 38 = 7
38 − 45 n'a pas de sens ici.

3 - MULTIPLICATION

a - Produit et multiplication

Qu'est-ce qu'un produit ?
Dans un magasin, un article est vendu 7 €. Combien coûtent les cinq mêmes articles ?
Le prix total est donné par la somme :
$$7 + 7 + 7 + 7 + 7 = 35 \text{ €}$$
Cette somme de 5 termes égaux à 7 € s'appelle le produit de 7 € par 5.

On écrit à la place de la somme le calcul suivant :
$$7 \times 5 = 35$$

> **Définition**
>
> Le produit d'un nombre a par le nombre entier b est la somme de b nombres égaux à a
> $$a \times b = \underbrace{a + a + \ldots + a}_{b \text{ termes}}$$

• *Exemple :*

$6 \times 4 = 6 + 6 + 6 + 6 = 24$

> **Définition**
>
> On appelle multiplication l'opération qui permet de calculer le produit de deux nombres.

b - Multiplication de nombres entiers

Démarche :   **1er cas** : le multiplicateur a un chiffre.

• *Exemple :*

Soit à calculer le produit 362×4.
$$\begin{aligned} 362 \times 4 &= 362 + 362 + 362 + 362 \\ &= (300 + 60 + 2) + (300 + 60 + 2) + \\ & \quad (300 + 60 + 2) + (300 + 60 + 2) \\ &= (300 + 300 + 300 + 300) + \\ & \quad (60 + 60 + 60 + 60) + (2 + 2 + 2 + 2) \\ &= 300 \times 4 + 60 \times 4 + 2 \times 4 \end{aligned}$$

Cette somme contient 4 fois 3 centaines, 4 fois 6 dizaines et 4 fois 2 unités, soit :

12 centaines + 24 dizaines + 8 unités = 1200 + 240 + 8
= 1448.

2e cas : le multiplicateur a plusieurs chiffres.

• *Exemple :*

Soit à calculer le produit 362×24.
$$362 \times 24 = 362 \times (20 + 4).$$

II- LES OPÉRATIONS DU CALCUL

On a donc 2 dizaines fois 362 et 4 unités fois 362. On sait calculer 362 × 4 = 1448.
En appliquant la démarche précédente, on obtient 362 × 2 = 724. On ajoute un zéro à la droite de 724 car il s'agit de 2 dizaines, soit 7240.
Il suffit maintenant d'ajouter les deux résultats partiels 1448 + 7240 = 8688.

Méthode : Il n'est pas nécessaire d'aligner les chiffres de même rang, mais cela rend le calcul plus clair.

• *Exemples :*

```
   2² 5¹ 3
 ×      4
 ─────────
   1 0 1 2
```

On commence le calcul par la droite : **4 × 3 = 12**. On pose 2 et on retient 1 (1 dizaine). **4 × 5 = 20**. **20 + 1 = 21**. On pose 1 et on retient 2 (2 centaines). **4 × 2 = 8. 8 + 2 = 10**. On pose 10.

253 et **4** sont les *facteurs* de la multiplication et le résultat **1012** s'appelle le *produit*.

```
     2 5 3
 ×     6 4
 ─────────
   1 0 1 2   ↦ 253 × 4
   1 5 1 8   ↦ 253 × 6
 ─────────
   1 6 1 9 2
```

On multiplie **253 × 4 = 1012**, on obtient la ligne 1.
On multiplie **253 × 6 = 1518**, on obtient la ligne 2.
Attention ! 6 étant le chiffre des dizaines, on décale le deuxième résultat **d'un cran vers la gauche**.
On additionne les deux lignes en commençant par la droite.

c - Multiplication de nombres décimaux

La technique opératoire est identique à celle des nombres entiers.

• *Exemple :*

```
     4, 3 5
 ×     7, 5
 ─────────
   2 1 7 5   ↦ 435 × 5
 3 0 4 5     ↦ 435 × 7
 ─────────
 3 2, 6 2 5
```

On effectue la multiplication comme s'il n'y avait pas de virgule.
Placement de la virgule : le premier facteur 4,35 a **2** chiffres après la virgule et le second 7,5 a **1** chiffre après la virgule. Le résultat aura 2 + 1 = **3** chiffres après la virgule.

d - Propriétés de la multiplication

L'ordre n'intervient pas :

• *Exemple :*
   $6 \times 4 = 24 = 4 \times 6$

On peut permuter l'ordre des facteurs sans que le résultat final change.

Propriété

Quels que soient les nombres *a* et *b*, on a
$$a \times b = b \times a$$
On dit que la multiplication est **commutative**.

Lorsque l'on multiplie plus de deux facteurs, on peut les regrouper de toutes les façons sans que le résultat change.

Propriété

Quels que soient les nombres *a*, *b* et *c*, on a
$$(a \times b) \times c = a \times (b \times c)$$
On dit que la multiplication est **associative**.

Ces propriétés permettent souvent de faciliter les calculs.

• *Exemple :*
   Soit à calculer mentalement $25 \times 12,5 \times 4$.
   Il suffit de permuter l'ordre des facteurs 12,5 et 4 pour que le calcul devienne simple.
   $25 \times 12,5 \times 4 = (25 \times 4) \times 12,5 = 100 \times 12,5 = 1\,250$

Propriété

Tout nombre multiplié par zéro donne zéro.
Pour tout nombre *a*, on a
$$a \times 0 = 0 \times a = 0$$

• *Exemple :*
   $13 \times 0 = 0 \times 13 = 0$

Propriété

Tout nombre multiplié par 1 reste inchangé.
Pour tout nombre *a*, on a
$$a \times 1 = 1 \times a = a$$

• *Exemple :*
13 × 1 = 1 × 13 = 13

e - Produit d'un nombre par une somme ou une différence

• *Exemple :*

Monsieur Lefort achète chaque jour du mois d'octobre un quotidien à 1,10 € et un pain à 0,90 €. Combien dépense-t-il pour le mois d'octobre ?
On peut procéder de deux façons différentes :

Première méthode : on calcule la dépense journalière et on multiplie le résultat par le nombre de jours du mois d'octobre :
$$31 \times (1{,}10 + 0{,}90) = 31 \times 2 = 62 \text{ €}$$

Deuxième méthode : on calcule séparément les deux dépenses et on additionne les résultats :
$$31 \times 1{,}10 + 31 \times 0{,}90 = 34{,}10 + 27{,}90 = 62 \text{ €}$$

On en conclut que les deux calculs sont égaux :
$$31 \times (1{,}10 + 0{,}90) = 31 \times 1{,}10 + 31 \times 0{,}90.$$
On dit que l'on a distribué le facteur 31 à chacun des termes de la somme.

Propriété

La multiplication est distributive par rapport à l'addition.
Quels que soient les nombres *a*, *b* et *c*, on a
$$a \times (b + c) = a \times b + a \times c$$

Cette propriété est vraie également pour la soustraction :

• *Exemple :*
$$6 \times (25 - 14) = 6 \times 11 = 66.$$
$$6 \times 25 - 6 \times 14 = 150 - 84 = 66$$
On conclut de la même façon que :
$$6 \times (25 - 14) = 6 \times 25 - 6 \times 14.$$
On dit que l'on a distribué le facteur 6 à chacun des termes de la différence.

> **Propriété**
> La multiplication est distributive par rapport à la soustraction.
> Quels que soient les nombres *a*, *b* et *c*, on a
> $$a \times (b - c) = a \times b - a \times c$$

4 - DIVISION

a - Quand utilise-t-on la division ?

> **Définition**
> On utilise l'opération division dès qu'apparaît la notion de partage en parts égales.

Démarche

- *Exemple :*

  Un fleuriste dispose de 69 roses. Il veut préparer des bouquets de 7 roses chacun. Combien de bouquets peut-il préparer ?

  Concrètement on cherche combien de groupes de 7 on peut faire dans 69.
  On cherche dans la table des 7 le nombre qui se rapproche le plus de 69 : c'est 70, mais il est trop grand. On prend donc son prédécesseur dans la table de 7 qui est 63. $63 = 7 \times 9$.
  Le fleuriste peut réaliser 9 bouquets de 7 roses et il reste 6 roses. Ce partage définit l'opération que l'on appelle **division** de 69 par 7.
  Le nombre total de roses 69 s'appelle le **dividende**.
  Le nombre de roses par bouquet 7 s'appelle le **diviseur**.
  Le nombre de bouquets réalisés 9 s'appelle le **quotient entier**.
  Le nombre de roses restantes 6 s'appelle le **reste**.

  Ils sont disposés de la manière suivante :

Dividende	Diviseur
	Quotient
Reste	

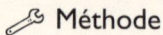 **Méthode :**

```
  1 8 4 | 8
 -1 6   | 2 3
   2 4
  -2 4
     0
```

On prend le premier chiffre en partant de la gauche de 184, c'est-à-dire 1. En 1 combien de fois 8 ? **Impossible**. On prend donc les deux premiers chiffres : 18. En 18 combien de fois 8 ? Il y va **2** fois. On pose 2 au quotient. $2 \times 8 = 16$. On pose la soustraction $18 - 16 = 2$. Il reste 2 et on abaisse le chiffre des unités 4. En 24 combien de fois 8 ? Il y va **3** fois. On pose 3 au quotient. $3 \times 8 = 24$. On pose la soustraction $24 - 24 = 0$. Il reste **0**.

Définition
On dit qu'une division est exacte quand le reste est égal à zéro

 On peut alléger la présentation des calculs en ne notant que les restes.

• *Exemple :*

```
2 7 8 | 1 3
  1 8 | 2 1
    5 |
```

Propriété
Dans une division de nombres entiers, le dividende est égal au produit du diviseur par le quotient, plus le reste.
Le reste est inférieur au diviseur.

```
 a | b
 r | q
```
a est le dividende, b est le diviseur, q est le quotient et r est le reste.

a, b, q et r sont des nombres entiers et on a
$$a = b \times q + r \text{ avec } r < b$$

• *Exemple :*

```
3 2 4 | 2 9
  3 4 | 1 1
    5 |
```
On a : $324 = 29 \times 11 + 5$ et $5 < 29$

Toute égalité de cette forme ne traduit pas une division.

- *Exemple :*

  Soit l'égalité suivante 338 = (23 × 14) + 16.
  Grâce à cette égalité, on peut affirmer que le quotient de 338 par 23 est 14 et que le reste est 16. Par contre, elle ne donne pas le quotient de 338 par 14. En effet le reste 16 est supérieur au diviseur 14, ce qui est impossible.

 La division par zéro est impossible.

b - Division de nombres décimaux

- *Exemple :*

  Soit à répartir de manière équitable la somme de 275 € entre 16 personnes.

Méthode :

```
  2 7 5, 0 0 | 1 6
− 1 6        | 1 7, 1 8
  1 1 5
− 1 1 2
      3 0
    − 1 6
      1 4 0
    − 1 2 8
        1 2
```

On opère de même façon que pour la division de nombres entiers en mettant une virgule au quotient avant d'abaisser le premier chiffre décimal du dividende. On arrête l'opération lorsqu'on a obtenu le nombre de chiffres décimaux demandé.

Chaque personne reçoit 17,18 € et il reste 12 centimes. Dans le cas présent, on continue après la virgule au quotient car on peut partager les euros en centimes.

Que se passe-t-il si le diviseur comporte une virgule ?

- *Exemple :*

  On souhaite diviser 138,24 par 2,4.
  On se ramène au cas précédent en convertissant le diviseur en dixièmes : **2,4 = 24 dixièmes**. On fait donc de même pour le dividende. Ainsi **138,24 = 1382,4 dixièmes**. La division **138,24 : 2,4** est remplacée par la division **1382,4 : 24**.

II- Les opérations du calcul

```
  1 3 8 2,4 | 2 4
- 1 2 0     |------
  -------   | 5 7, 6
    1 8 2   |
  - 1 6 8   |
    -----   |
      1 4 4 |
    - 1 4 4 |
      -----
          0
```

138,24 : 2,4 = 1382,4 : 24 = 57,6.
On a supprimé la virgule au diviseur, et on décale la virgule du dividende d'un cran vers la droite.

🎓 **Règle :** Dans une division de nombres décimaux, on supprime la virgule du diviseur et on décale vers la droite la virgule du dividende d'autant de rangs qu'il y avait de chiffres décimaux au diviseur. On est ramené au cas d'un diviseur entier.

III
NOMBRES EN ÉCRITURE FRACTIONNAIRE

1 - FRACTIONS

a - Notion de fraction

Qu'est-ce qu'une fraction ?
Considérons un segment de droite [AB] de longueur 1. Divisons-le en cinq parties égales. Chaque segment ainsi obtenu représente une *fraction* du segment [AB].

On note cette fraction $\frac{1}{5}$ et on lit « un cinquième ». Si nous mettons bout à bout 3 segments de longueur $\frac{1}{5}$, on obtient la fraction trois cinquièmes que l'on note $\frac{3}{5}$.

> **Définition**
>
> Une fraction est un nombre écrit sous la forme $\frac{a}{b}$ où $(a\,;b)$ désigne un couple d'entiers naturels avec b non nul. Les nombres a et b sont les termes de la fraction. a s'appelle le numérateur et b le dénominateur.

• *Exemple :*

Barre de fraction ↦ $\frac{5}{9}$ 5 est le numérateur et 9 le dénominateur.

On lit « cinq neuvièmes » ou « cinq sur neuf ». On peut aussi écrire 5/9. On remplace le trait horizontal par un trait oblique. Quelques fractions usuelles :

$\frac{1}{2}$ se lit « un demi » ou « un sur deux ».

$\dfrac{4}{3}$ se lit « quatre tiers ».

$\dfrac{3}{4}$ se lit « trois quarts ».

Au-delà, on rajoute la terminaison « ième ».

⚠ On ne peut pas écrire de fraction avec un dénominateur nul car on ne sait pas diviser par zéro.

Quel que soit l'entier a considéré, $\dfrac{a}{0}$ n'a pas de sens.

• *Exemple :*

$\dfrac{5}{0}$ n'a pas de sens alors que $\dfrac{0}{5} = 0$.

Propriété
Tout nombre entier peut s'écrire sous forme d'une fraction. Quel que soit l'entier a, $a = \dfrac{a}{1}$.

• *Exemple :*

$9 = \dfrac{9}{1}$

b - Fractions décimales

Définition
Une fraction est décimale quand son dénominateur est 10 ou une puissance de 10 (100, 1000…).

• *Exemples :*

$\dfrac{5}{10}$, $\dfrac{75}{100}$, $\dfrac{527}{100}$, $\dfrac{8\,904}{1\,000}$ et $\dfrac{6}{10\,000}$ sont des fractions décimales.

Propriété
Tout nombre décimal peut s'écrire sous forme d'une fraction décimale.

• *Exemples :*

Écriture décimale du nombre	Ce nombre contient	Écriture fractionnaire du nombre
0,4	4 dixièmes	$\frac{4}{10}$
0,57	57 centièmes	$\frac{57}{100}$
0,679	679 millièmes	$\frac{679}{1\,000}$
5,683	5 683 millièmes	$\frac{5\,683}{1\,000}$

Dans chacun des cas le trait de fraction représente l'opération division. Pour passer de l'écriture fractionnaire à l'écriture décimale, il suffit d'effectuer la division.

• *Exemples :*

$$\frac{341}{100} = 3,41 \quad \frac{782}{1\,000} = 0,782$$

⚠ Si tout nombre décimal admet une écriture fractionnaire, le contraire n'est pas toujours vrai.

• *Exemple :*

$\frac{1}{4}$ peut s'écrire 0,25, en revanche $\frac{2}{3}$ n'admet pas d'écriture décimale. En effet $\frac{2}{3}$ = 0,666… La suite des décimales est illimitée.

c - Prendre une fraction d'un nombre

• *Exemple :*

Prendre les $\frac{4}{5}$ d'un sac de billes qui en contient 180 signifie que l'on divise la quantité de billes en cinq parts et que l'on prend quatre parts. Ce qui se traduit par la séquence de calcul suivante : (180 : 5) × 4 = 36 × 4 = 144.

On peut aussi présenter le calcul sous la forme $180 \times \dfrac{4}{5}$ ou $\dfrac{4}{5} \times 180$, ce qui s'écrira dans les deux cas $\dfrac{180 \times 4}{5}$. Ce que l'on peut traduire par la séquence de calcul suivante :
$$(180 \times 4) : 5 = 720 : 5 = 144$$

Définition
Pour prendre une fraction d'un nombre, on multiplie le nombre par le numérateur et on divise le résultat par le dénominateur.

$$\boxed{k \times \dfrac{a}{b} = \dfrac{k \times a}{b}}$$

- **Exemple :**

$$60 \times \dfrac{4}{3} = \dfrac{60 \times 4}{3} = \dfrac{240}{3} = 80$$

d - Fractions égales

Quand peut-on dire que deux fractions sont égales ?

Propriété
Si l'on multiplie ou, quand cela est possible, si l'on divise le numérateur et le dénominateur par le même nombre non nul, on obtient une fraction équivalente.

- **Exemple :**

$$\dfrac{2}{3} = \dfrac{4}{6} = \dfrac{14}{21} = \ldots = \dfrac{2 \times n}{3 \times n}.$$

Plus généralement $\dfrac{a}{b} = \dfrac{2 \times a}{2 \times b} = \dfrac{3 \times a}{3 \times b} = \ldots = \dfrac{n \times a}{n \times b}.$

Comment reconnaître deux fractions égales ?

Propriété
Deux fractions sont égales si les produits obtenus en multipliant le numérateur de l'une par le dénominateur de l'autre sont égaux.

$$\boxed{\dfrac{a}{b} = \dfrac{a'}{b'} \text{ si } a \times b' = a' \times b}$$

- *Exemple :*

$\dfrac{2}{30} = \dfrac{13}{195}$ car $2 \times 195 = 390$ et $30 \times 13 = 390$.

En revanche $\dfrac{4}{17} \neq \dfrac{5}{21}$ car $4 \times 21 = 84$ et $17 \times 5 = 85$.

e - Simplifier des fractions

Considérons la série de fractions égales suivante :
$\dfrac{3}{4} = \dfrac{6}{8} = \dfrac{9}{12} = \dfrac{12}{16} = \dfrac{15}{20} = \dfrac{30}{40} = \dfrac{45}{60} = \ldots$

Si dans un calcul on rencontre la fraction $\dfrac{15}{20}$, on a tout intérêt à la remplacer par la fraction $\dfrac{3}{4}$ qui est équivalente mais où les termes (le numérateur et le dénominateur) sont plus petits, donc plus faciles à manipuler.

> **Définition**
>
> **Simplifier une fraction, c'est la remplacer par une fraction égale dont le numérateur et le dénominateur sont plus petits. Pour cela, on divise, quand cela est possible, ses deux termes par le même nombre.**

- *Exemple de simplification :*

En pratique, on simplifie une fraction en divisant le numérateur et le dénominateur par leurs diviseurs communs apparents.

$\dfrac{1260}{1980} = \dfrac{1260 : 10}{1980 : 10} = \dfrac{126 : 2}{198 : 2} = \dfrac{63 : 9}{99 : 9} = \dfrac{7}{11}$

La fraction $\dfrac{7}{11}$ ne peut être simplifiée davantage, on dit qu'elle est irréductible.

> **Définition**
>
> **Une fraction est irréductible s'il n'existe pas de fraction égale ayant des termes plus petits.**

2 - CALCULER AVEC DES FRACTIONS

a - Addition de fractions

Il faut distinguer deux cas :

* **Les fractions ont le même dénominateur.**

Règle : Pour additionner des fractions ayant le même dénominateur, on additionne les numérateurs et on laisse inchangé le dénominateur.

$$\boxed{\dfrac{a}{d} + \dfrac{b}{d} = \dfrac{a+b}{d}}$$

• *Exemple :*

$$\dfrac{3}{5} + \dfrac{8}{5} = \dfrac{3+8}{5} = \dfrac{11}{5}$$

* **Les fractions ont des dénominateurs différents.**

Règle : Pour additionner des fractions qui n'ont pas le même dénominateur, on les réduit au même dénominateur puis on additionne les numérateurs en laissant inchangé le dénominateur.

• *Exemple :*

$$\dfrac{2}{3} + \dfrac{3}{5} + \dfrac{1}{2}$$

On réduit les trois fractions au même dénominateur. Dans cet exemple, 30 est le plus petit dénominateur commun.

$$\dfrac{2}{3} = \dfrac{2 \times 10}{3 \times 10} = \dfrac{20}{30} \quad \dfrac{3}{5} = \dfrac{3 \times 6}{5 \times 6} = \dfrac{18}{30} \quad \dfrac{1}{2} = \dfrac{1 \times 15}{2 \times 15} = \dfrac{15}{30}$$

$$\dfrac{2}{3} + \dfrac{3}{5} + \dfrac{1}{2} = \dfrac{20}{30} + \dfrac{18}{30} + \dfrac{15}{30} = \dfrac{20+18+15}{30} = \dfrac{53}{30}$$

Cas particulier : addition d'un nombre entier et d'une fraction.

• *Exemple :*

$$2 + \dfrac{3}{4}$$

Le nombre entier 2 est égal à la fraction $\frac{2}{1}$.

$2 + \frac{3}{4} = \frac{2}{1} + \frac{3}{4} = \frac{2 \times 4}{1 \times 4} + \frac{3}{4} = \frac{8}{4} + \frac{3}{4} = \frac{11}{4}$

b - Soustraction de fractions

Les règles de calcul pour la soustraction sont semblables à celles de l'addition. On distingue les deux mêmes cas :

* **Les fractions ont le même dénominateur.**

🎓 **Règle :** Pour soustraire des fractions ayant le même dénominateur, on soustrait les numérateurs et on laisse inchangé le dénominateur.

$$\boxed{\frac{a}{d} - \frac{b}{d} = \frac{a-b}{d} \; (a < b)}$$

• *Exemple :*

$\frac{9}{11} - \frac{5}{11} = \frac{4}{11}$

* **Les fractions ont des dénominateurs différents.**

🎓 **Règle :** Pour soustraire des fractions qui n'ont pas le même dénominateur, on les réduit au même dénominateur puis on additionne les numérateurs en laissant inchangé le dénominateur.

• *Exemple :*

$\frac{8}{3} - \frac{5}{7} = \frac{8 \times 7}{3 \times 7} - \frac{5 \times 3}{7 \times 3} = \frac{56}{21} - \frac{15}{21} = \frac{41}{21}$

⚠️ L'ordre intervient dans la soustraction.

c - Multiplication de fractions

🎓 **Règle :** Pour multiplier deux fractions, on multiplie les numérateurs entre eux et les dénominateurs entre eux.

$$\boxed{\frac{a}{b} \times \frac{c}{d} = \frac{a \times c}{b \times d}}$$

• *Exemple :*

$$\frac{3}{7} \times \frac{4}{5} = \frac{3 \times 4}{7 \times 5} = \frac{12}{35}$$

Cas particulier : multiplication d'une fraction par un nombre entier.

• *Exemple :*

$$4 \times \frac{11}{9}$$

Le nombre entier 4 peut s'écrire sous forme de la fraction $\frac{4}{1}$.

$$4 \times \frac{11}{9} = \frac{4}{1} \times \frac{11}{9} = \frac{44}{9}$$

En pratique : on multiplie le nombre entier et le numérateur de la fraction entre eux et on laisse inchangé le dénominateur.

3 - Comparaison de fractions

Il faut distinguer deux cas :

* **Les fractions ont le même dénominateur.**

🎓 **Règle :** Il suffit de comparer les numérateurs, la plus grande fraction est celle qui a le plus grand numérateur.

$$\boxed{\begin{array}{l} \frac{a}{d} < \frac{b}{d} \text{ si } a < b \\ \frac{a}{d} > \frac{b}{d} \text{ si } a > b \end{array}}$$

• *Exemple :*

$$\frac{3}{7} < \frac{11}{7} \text{ car } 3 < 11$$

* **Les fractions ont des dénominateurs différents.**

🎓 **Règle :** On réduit les fractions au même dénominateur. On compare ensuite les numérateurs en appliquant la règle précédente.

• *Exemple :*

On veut comparer les fractions $\frac{2}{3}$ et $\frac{3}{4}$.

$\frac{2}{3} = \frac{2 \times 4}{3 \times 4} = \frac{8}{12}$ et $\frac{3}{4} = \frac{3 \times 3}{4 \times 3} = \frac{9}{12}$

or $\frac{8}{12} < \frac{9}{12}$ donc $\frac{2}{3} < \frac{3}{4}$.

4 - QUOTIENTS

a - Notion de quotient

Qu'est-ce qu'un quotient ?

Un quotient est une écriture d'un nombre sous les formes $\frac{a}{b}$, a/b ou a : b, où a représente un nombre et b représente un nombre non nul.

• *Exemples :*

$\frac{7}{5}$, 18 : 37, $\frac{3,4}{5,8}$, 7/6 et $\frac{2+5}{6-3}$ sont autant d'exemples de quotients.

Comment définir un quotient ?

On dira par exemple du quotient $\frac{7}{5}$ que c'est le nombre qui, multiplié par 5, donne le nombre 7.

En effet $5 \times \frac{7}{5} = \frac{5 \times 7}{5} = \frac{35}{5} = \frac{7}{1} = 7$.

> **Définition**
>
> a, b et x désignent trois nombres avec b non nul. Si la multiplication du nombre x par b donne le nombre a, alors x est le quotient de a par b et on le note $\frac{a}{b}$. Comme pour les fractions, a est le numérateur et b le dénominateur.

• *Exemple :*

Le quotient de 6,3 par 5 est le nombre x qui, multiplié par 5, donne 6,3. $\frac{6,3}{5}$ est une écriture fractionnaire du nombre x. On peut aussi donner une écriture décimale du nombre x en effectuant la division 6,3 : 5 = 1,26. 1,26 est l'écriture décimale du nombre x.

 Tous les quotients n'admettent pas forcément une écriture décimale.

• *Exemple :*

$\frac{12}{13}$ = 0,923 076 923 076...

La suite des décimales est illimitée. On ne peut pas donner de valeur exacte du quotient mais seulement une approximation décimale.

b - Approximation décimale d'un quotient

• *Exemple :*

$\frac{5}{13}$ = 0,384 615 384...

Il existe deux méthodes pour donner une valeur approchée de ce quotient :

Première méthode : La troncature

Nombre	Troncature à l'unité	Troncature au dixième	Troncature au centième	Troncature au millième
$\frac{5}{13}$ = 0,384 615...	0	0,3	0,38	0,384

Deuxième méthode : L'arrondi

On fixe le nombre n de décimales. On remplace le quotient par le nombre décimal à n décimales qui est le plus proche du quotient.

Nombre	Arrondi à l'unité	Arrondi au dixième	Arrondi au centième	Arrondi au millième
$\frac{5}{13}$ = 0,384 615...	0	0,4	0,38	0,385

🎓 **Règle :** On arrondit à la valeur inférieure si le premier chiffre que l'on supprime est 0, 1, 2, 3 ou 4.
On arrondit à la valeur supérieure si le premier chiffre que l'on supprime est 5, 6, 7, 8 ou 9.

c - Quotients et fractions

Propriété

Un quotient de nombres entiers est une fraction.

• *Exemple :*

$\frac{2}{3}$ est à la fois une fraction et un quotient. Par contre le quotient $\frac{2,3}{3}$ n'est pas une fraction car 2,3 n'est pas un nombre entier.

Propriété

On peut toujours transformer un quotient en une fraction.

• *Exemple :*

Le quotient $\frac{2,75}{1,2}$ n'est pas une fraction. On convertit en centièmes 2,75 et 1,2 de manière à obtenir des nombres entiers : 2,75 = 275 centièmes et 1,2 = 120 centièmes. On obtient ainsi la fraction $\frac{275}{120}$.

Conséquence : toutes les propriétés des fractions sont aussi vraies pour les quotients.

En particulier : on ne change pas un quotient quand on multiplie ou quand on divise le numérateur et le dénominateur par le même nombre non nul.

• *Exemple :*

$$\frac{3,5}{2,5} = \frac{3,5 \times 2}{2,5 \times 2} = \frac{7}{5}$$

On obtient une fraction plus simple à manipuler que le quotient.

Les règles de calcul pour les quotients sont les mêmes que celles établies pour les fractions.

- *Exemple d'addition :*

$$\frac{1,5}{2,5} + \frac{4,5}{2,5} = \frac{1,5 + 4,5}{2,5} = \frac{6}{2,5}$$

- *Exemple de soustraction :*

$$\frac{2,3}{3,1} - \frac{1,7}{3,1} = \frac{2,3 - 1,7}{3,1} = \frac{0,6}{3,1}$$

Si les quotients n'ont pas les mêmes dénominateurs, on les réduit au même dénominateur comme pour les fractions.

- *Exemple de multiplication :*

$$\frac{3,5}{7,1} \times \frac{2,1}{4,6} = \frac{3,5 \times 2,1}{7,1 \times 4,6} = \frac{7,35}{32,66}$$

d - Nombres inverses

Définition
Deux nombres sont appelés nombres inverses lorsque leur produit est égal à 1.

- *Exemple :*

  2 et 0,5 sont des nombres inverses car $2 \times 0,5 = 1$.
  1 est son propre inverse.
  0 est le seul nombre qui n'a pas d'inverse.

Inverse d'un quotient : Le quotient $\frac{a}{b}$ a pour inverse le quotient $\frac{b}{a}$.

En effet $\frac{a}{b} \times \frac{b}{a} = \frac{a \times b}{b \times a} = 1$.

- *Exemple :*

  La fraction $\frac{3}{4}$ a pour inverse $\frac{4}{3}$. $\frac{3}{4} \times \frac{4}{3} = \frac{12}{12} = 1$.

Cas particuliers : L'entier n non nul peut se noter $\frac{n}{1}$. Il a pour inverse $\frac{1}{n}$.

- *Exemple :*

L'entier 4 a pour inverse $\frac{1}{4}$. $\frac{4}{1} \times \frac{1}{4} = \frac{4}{4} = 1$.

Le nombre décimal x non nul a pour inverse le quotient $\frac{1}{x}$.

- *Exemple :*

Le nombre décimal 3,5 a pour inverse $\frac{1}{3,5}$.

5 - Quotients de fractions

- *Exemple :*

On souhaite calculer le quotient de la fraction $\frac{2}{3}$ par la fraction $\frac{7}{5}$. C'est le nombre qui multiplié par $\frac{5}{7}$ donne $\frac{2}{3}$. On cherche donc le quotient $\frac{a}{b}$ tel que $\frac{5}{7} \times \frac{a}{b} = \frac{2}{3}$. On multiplie les deux membres de l'égalité par la fraction $\frac{7}{5}$. $\frac{7}{5} \times \frac{5}{7} \times \frac{a}{b} = \frac{7}{5} \times \frac{2}{3}$. Après simplification par 7 et 5, on obtient $\frac{a}{b} = \frac{7}{5} \times \frac{2}{3}$. Autrement dit, pour obtenir la fraction $\frac{a}{b}$, on a multiplié la fraction dividende $\frac{2}{3}$ par l'inverse de la fraction diviseur $\frac{5}{7}$. On peut énoncer la règle suivante :

Règle : Pour calculer le quotient de deux fractions, on multiplie la fraction dividende par l'inverse de la fraction diviseur.

$$\boxed{\frac{a}{b} : \frac{c}{d} = \frac{a}{b} \times \frac{d}{c}}$$

Cela suppose que la fraction diviseur n'est pas nulle.

- *Exemple :*

$\frac{6}{5} : \frac{7}{4} = \frac{6}{5} \times \frac{4}{7} = \frac{24}{35}$

À la place du signe opératoire « : », on peut utiliser un « trait » de fraction.

III- Nombres en écriture fractionnaire

• *Exemple :*

$$\dfrac{\dfrac{10}{3}}{\dfrac{5}{9}} = \dfrac{10}{3} \times \dfrac{9}{5} = \dfrac{90}{15} = 6$$

Cas particuliers :

* Quotient d'une fraction par un nombre entier :

• *Exemple :*

$$\dfrac{9}{5} : 3 = \dfrac{9}{5} : \dfrac{3}{1} = \dfrac{9}{5} \times \dfrac{1}{3} = \dfrac{9}{15} = \dfrac{3}{5}$$ après simplification par 3.

$$\boxed{\dfrac{a}{b} : c = \dfrac{a}{b} \times \dfrac{1}{c} = \dfrac{a}{b \times c}}$$

* Quotient d'un nombre entier par une fraction :

• *Exemple :*

$$4 : \dfrac{5}{3} = 4 \times \dfrac{3}{5} = \dfrac{12}{5}$$

$$\boxed{a : \dfrac{c}{d} = a \times \dfrac{d}{c} = \dfrac{a \times d}{c}}$$

IV
LES NOMBRES RELATIFS

1 - Premières notions

Le tableau présente les températures minimales relevées à Paris du 1er janvier au 14 janvier.

Jour	1	2	3	4	5	6	7
Température	− 2	− 3	− 5	− 3	− 4	− 2	0
Jour	8	9	10	11	12	13	14
Température	+ 1	+ 3	+ 4	+ 2	+ 1	0	− 2

On distingue, dans ce tableau, deux sortes de températures :
− les températures négatives qui sont précédées par le signe (−).
Ce sont les températures inférieures à zéro.
− les températures positives qui sont précédées par le signe (+).
Ce sont les températures supérieures à zéro.
Ces nombres *positifs* et *négatifs* sont appelés *nombres relatifs*.

> **Définition**
> **Un nombre relatif se compose d'un signe (+ ou −) et d'une « partie numérique » que l'on appelle distance à zéro.**

• *Exemples :*

(+ 6) est un nombre entier relatif positif. Son signe est +, sa distance à zéro est 6.
(+ 7,5) est un nombre décimal positif. Son signe est +, sa distance à zéro est 7,5.
$\left(+ \frac{1}{3}\right)$ est une fraction relative positive.

Dans le cas des nombres positifs, on peut se passer de mettre le signe (+). On notera plus simplement ces nombres 6, 7,5 et $\frac{1}{3}$.

(− 3) est un nombre entier relatif négatif. Son signe est (−) et sa distance à zéro est 3.

(− 4,5) et $\left(-\frac{1}{7}\right)$ sont aussi des nombres relatifs négatifs.

0 n'a pas de signe car il est à la fois positif et négatif.

Définition
Deux nombres sont opposés lorsqu'ils ont la même distance à zéro et qu'ils sont de signes contraires.

• *Exemple :*

3,5 et − 3,5 sont deux nombres opposés.
0 est son propre opposé.

2 - COMPARAISON DE NOMBRES RELATIFS

On peut placer les nombres relatifs sur une droite graduée orientée. Chaque point est repéré par un nombre que l'on appelle abscisse.

Point	A	B	C	D	E	F	G
Abscisse	− 3,5	− 5	− 2	5,5	2,5	4	− 6,5

```
    G    B     A     C              E    F    D
 ---+----+-----+-----+------+---+---+----+----+--->
   −6,5 −5  −3,5   −2      0   1  2,5   4   5,5
```

En tenant compte de la position des points et du sens de parcours indiqué par la flèche, on peut classer les nombres :
− 6,5 < − 5 < − 3,5 < − 2 < 2,5 < 4 < 5,5

Règle : Comparaison des nombres relatifs :
Entre deux nombres négatifs, le plus grand est celui qui a la plus petite distance à zéro.

IV- LES NOMBRES RELATIFS

- *Exemple :*
  - $-4 < -2$ car -2 est le plus proche de 0.
- **Règle :** Entre un nombre relatif positif et un nombre relatif négatif, le plus grand est le nombre positif.
- *Exemple :*
  - $-6,5 < 1$

3 - CALCULER AVEC DES NOMBRES RELATIFS

a - Addition de nombres relatifs

Il faut bien distinguer le signe opératoire du signe du nombre.

1er cas : les nombres ont le même signe.

Je reçois 6,5 € puis 4,5 €. Il s'agit de deux gains que j'ajoute $6,5 + 4,5 = 11$.
$(+ 6,5) + (+ 4,5) = + (6,5 + 4,5) = (+ 11)$
Je dépense 3 € puis 6,5 €. Il s'agit de deux pertes que j'ajoute $3 + 6,5 = 9,5$.
$(- 3) + (- 6,5) = - (3 + 6,5) = (- 9,5)$

- **Règle :** Pour additionner deux nombres de même signe :
  1- On additionne leurs distances à zéro.
  2- On donne au résultat obtenu le signe commun aux deux nombres.

2e cas : les nombres sont de signes différents.

Je reçois 15 € puis je dépense 6 €. Il s'agit d'un gain suivi d'une perte. Le bilan est positif car j'ai reçu plus que je n'ai dépensé. Pour connaître le résultat, on calcule la différence $15 - 6 = 9$.
$(+ 15) + (- 6) = + (15 - 6) = + 9$
Je reçois 5 € puis je dépense 20 €. Il s'agit d'un gain suivi d'une perte. Le bilan est négatif car j'ai dépensé plus que je n'ai reçu. Pour connaître le résultat, on calcule la différence $20 - 5 = 15$.
$(+ 5) + (- 20) = - (20 - 5) = (- 15)$

IV- LES NOMBRES RELATIFS

Règle : Pour additionner deux nombres de signes différents :
1- On soustrait la plus petite distance à zéro de la plus grande.
2- On donne au résultat obtenu le signe du nombre qui a la plus grande distance à zéro.

L'ordre n'a pas d'importance. On peut inverser l'ordre des termes car l'addition est commutative.

La somme de deux nombres opposés est égale à zéro.

• *Exemple :*

$(-9) + (+9) = 0$

On peut alléger l'écriture en supprimant les parenthèses inutiles et les signes (+).

• *Exemples :*

$(+6,5) + (+4,5) = 6,5 + 4,5 = 11$
$(-3) + (-6,5) = -3 + (-6,5) = -9,5$
$(+15) + (-6) = 15 + (-6) = 9$
$(+5) + (-20) = 5 + (-20) = -15$

b - Soustraction de nombres relatifs

Définition
On appelle différence de deux nombres relatifs le nombre qu'il faut ajouter au second pour obtenir le premier.

Ainsi si on a $\boxed{a - b = x}$, on a aussi $\boxed{a = b + x}$.

• *Exemples :*

$19 - 12 = \mathbf{7}$ car $12 + \mathbf{7} = 19$
$-5 - (-11) = \mathbf{6}$ car $(-11) + \mathbf{6} = -5$
$-7 - 10 = \mathbf{-17}$ car $10 + (\mathbf{-17}) = -7$
$6 - (-4,5) = \mathbf{10,5}$ car $(-4,5) + \mathbf{10,5} = 6$

Règle : Pour soustraire un nombre relatif, on ajoute son opposé.

• *Exemples* :
19 − 12 = 19 + (− 12) = 7
− 5 − (− 11) = − 5 + 11 = 6
− 7 − 10 = − 7 + (− 10) = − 17
6 − (− 4,5) = 6 + 4,5 = 10,5

On récapitule ainsi les simplifications d'écriture pour l'addition et la soustraction :

+ devant + se remplace par +   (+ 5) + (+ 3) = 5 + 3 = 8
+ devant − se remplace par −   (+ 6) + (− 5) = 6 − 5 = 1
− devant + se remplace par −   (+ 6) − (+ 9) = 6 − 9 = − 3
− devant − se remplace par +   (+ 7) − (− 8) = 7 + 8 = 15

c - Somme algébrique

Définition
Une somme algébrique est une suite d'additions et de soustractions.

• *Exemple* :
B = (− 4) + (− 10) + (+ 4,3) + (− 5,1) − (− 7)
On réécrit l'expression avec le minimum de signes.
B = − 4 − 10 + 4,3 − 5,1 + 7
On regroupe d'une part les termes précédés du signe (−) et les termes précédés par le signe (+) d'autre part.
B = (4,3 + 7) − (4 + 10 + 5,1)
  = 11,3 − 19,1
  = − 7,8

d - Multiplication de nombres relatifs

On distingue trois cas :
  * **Produit de deux nombres positifs**
    (+ 4) × (+ 3) = 4 × 3 = 12 C'est une multiplication ordinaire.
  * **Produit de deux nombres de signes contraires**
    (+ 4) × (− 3) = (− 3) + (− 3) + (− 3) + (− 3)
    = − (3 + 3 + 3 + 3) = − 12

Le produit de 4 par l'opposé de 3 donne l'opposé de 12, soit − 12.
(− 4) × (+ 3) = − 4 × 3 = − 12
Le produit de l'opposé de 4 par 3 donne l'opposé de 12, soit − 12.

* **Produit de deux nombres négatifs**
(− 4) × (− 3) = − 4 × (− 3) = − (4 ×(− 3))
= − (− 12) = 12
En se basant sur les deux exemples précédents, on peut dire que le produit de (− 4) par (− 3) donne l'opposé de l'opposé de 12, soit 12.

🎓 **Règle :** Règle des signes :
Le produit de deux nombres de même signe est un nombre positif.
Le produit de deux nombres de signes contraires est un nombre négatif.

🎓 **Règle :** Pour multiplier deux nombres relatifs, on applique la règle des signes et on multiplie les distances à zéro.

• *Exemples :*
(+ 4,2) × (+ 5) = 4,2 × 5 = 21
7 × (− 5) = − (7 × 5) = − 35
(− 4) × (− 9) = + (4 × 9) = 36

La multiplication de nombres relatifs conserve toutes les propriétés de la multiplication des nombres positifs. En particulier l'ordre dans lequel on multiplie n'a pas d'importance.

e - Produit de plusieurs nombres

🎓 **Règle :** Règle des signes :
S'il y a un nombre pair de facteurs négatifs, alors le signe du produit est positif.
S'il y a un nombre impair de facteurs négatifs, alors le signe du produit est négatif.

• *Exemple :*
A = (− 5) × (− 7) × (− 0,5) × 4
Le produit a un signe négatif car il y a trois signes (−) dans l'expression A.
A = − (5 × 7 × 0,5 × 4) = − 70

4 - Quotients et nombres relatifs

a - Position du signe dans un quotient

On sait que diviser revient à multiplier par l'inverse (voir page 38). Par conséquent la règle des signes de la multiplication s'applique aussi à la division.

• *Exemples :*

$$\frac{-7}{4} = -7 : 4 = -7 \times \frac{1}{4} = -\left(7 \times \frac{1}{4}\right) = -\frac{7}{4}$$

Le quotient de -7 par 4 est négatif car il peut s'écrire sous la forme d'un produit de deux nombres de signes contraires.

$$\frac{7}{-4} = 7 : (-4) = 7 \times \frac{1}{(-4)} = -\left(7 \times \frac{1}{4}\right) = -\frac{7}{4}$$

On sait qu'un nombre et son inverse sont de même signe. Donc le nombre $-\frac{1}{4}$ est un nombre négatif. Il en résulte que le quotient de 7 par -4 est aussi un nombre négatif.

$$\frac{-7}{-4} = -7 : (-4) = -7 \times \left(\frac{1}{-4}\right) = 7 \times \frac{1}{4} = \frac{7}{4}$$

Le quotient de -7 par -4 est un donc un nombre positif.
En conclusion :

$$\frac{-7}{4} = \frac{7}{-4} = -\frac{7}{4}$$

Le signe $(-)$ peut se placer au numérateur, au dénominateur ou devant le trait de fraction.

$$\frac{-7}{-4} = \frac{7}{4}$$

Les deux signes $(-)$ s'éliminent.

a et *b* sont deux nombres relatifs positifs ou négatifs avec *b* non nul.

$$\boxed{\frac{a}{-b} = \frac{-a}{b} = -\frac{a}{b}} \qquad \boxed{\frac{-a}{-b} = \frac{a}{b}}$$

b - Exemples de calculs avec les quotients relatifs

Les règles de calcul pour les quotients relatifs sont les mêmes que pour les quotients de nombres positifs. Il suffit d'y ajouter la règle des signes.

• *Exemple 1 :*

$$A = \frac{-5}{6} - \frac{33}{18} = \frac{-5}{6} - \frac{11}{6} = \frac{-5-11}{6} = -\frac{16}{6} = -\frac{8}{3}$$

On simplifie la fraction $\frac{33}{18}$ que l'on remplace par la fraction $\frac{11}{6}$. On soustrait les numérateurs.

• *Exemple 2 :*

$$B = \frac{-3}{4} \times \frac{7}{-9} \times \left(-\frac{4}{5}\right) = -\frac{3 \times 7 \times \cancel{4}}{\cancel{4} \times 9 \times 5} = -\frac{\cancel{3} \times 7}{\cancel{3} \times 3 \times 5} = -\frac{7}{15}$$

On applique d'abord la règle des signes. Il y a un nombre impair de signes (−), le résultat sera donc négatif. On met le signe (−) devant le trait de fraction. On multiplie les numérateurs et les dénominateurs entre eux sans plus tenir compte des signes. On simplifie par 4 puis par 3.

• *Exemple 3 :*

$$C = \frac{-27}{10} : \frac{-9}{8} = \frac{27}{10} \times \frac{8}{9} = \frac{27 \times 8}{10 \times 9} = \frac{3 \times \cancel{9} \times \cancel{2} \times 4}{5 \times \cancel{2} \times \cancel{9}} = \frac{12}{5}$$

On applique la règle des signes. Il y a un nombre pair de signes (−), le résultat sera donc positif. On multiplie le dividende par l'inverse du diviseur. On décompose les différents facteurs de manière à faire apparaître le plus de facteurs identiques au numérateur et au dénominateur. On simplifie par 9 et par 2.

V
LES PUISSANCES

1 - Les puissances de 10

a - Premières notions

Dans le cas des très grands et très petits nombres, la notation décimale peut s'avérer peu pratique.

• *Exemples :*

Le diamètre de notre galaxie est d'environ
1 000 000 000 000 000 000 km.
Le diamètre d'un atome est d'environ 0,000 000 000 1 m.
D'où l'idée d'introduire une nouvelle notation plus concise : *la notation puissance.*

• *Exemples :*

$100 = 10 \times 10 = 10^2$, le nombre 2 indique le nombre de facteurs 10.
$1\ 000 = 10 \times 10 \times 10 = 10^3$

> **Définition**
>
> La notation 10^n désigne le produit de n facteurs 10 où n désigne un entier naturel supérieur ou égal à 2.
> $$10^n = \underbrace{10 \times \ldots \times 10}_{n \text{ facteurs}} = \underbrace{10\ldots0}_{n \text{ zéros}}$$
> n s'appelle l'exposant.
> 10^n se lit « 10 exposant n » ou « 10 puissance n ».

Cas particuliers : $10^1 = 10$
$10^0 = 1$

V- LES PUISSANCES

> **Définition**
>
> n est un entier supérieur à 0.
> $$10^{-n} = 0,\underbrace{0\ldots01}_{n \text{ chiffres après la virgule}}$$
> 10^{-n} se lit « 10 exposant $-n$ ».

> **Propriété**
>
> Pour tout entier n, on a $\dfrac{1}{10^n} = 10^{-n}$
>
> 10^{-n} est l'inverse de 10^n.

- *Exemple :*
$$10^{-4} = 0,0001 = \frac{1}{10\ 000} = \frac{1}{10^4}$$

b - Calculer avec les puissances de 10

- *Exemples :*
    - $10^2 \times 10^6 = 100 \times 1\ 000\ 000 = 100\ 000\ 000 = 10^8$

    $10^2 \times 10^6 = 10^{2+6} = 10^8$
    - $10^{-3} \times 10^5 = 0,001 \times 100\ 000 = 100 = 10^2$

    $10^{-3} \times 10^5 = 10^{-3+5} = 10^2$

Pour multiplier des puissances de 10, on additionne les exposants.

- $\dfrac{10^7}{10^3} = \dfrac{10\ 000\ 000}{1\ 000} = 10\ 000 = 10^4$

$\dfrac{10^7}{10^3} = 10^{7-3} = 10^4$

- $\dfrac{10^4}{10^9} = \dfrac{10\ 000}{1\ 000\ 000\ 000} = \dfrac{1}{100\ 000} = \dfrac{1}{10^5} = 10^{-5}$

$\dfrac{10^4}{10^9} = 10^{4-9} = 10^{-5}$

Pour calculer le quotient de puissances de 10, on soustrait les exposants.

- $(10^2)^3 = 100 \times 100 \times 100 = 1\ 000\ 000 = 10^6$

$(10^2)^3 = 10^{2 \times 3} = 10^6$

∗ $(10^{-3})^2 = (0,001)^2 = 0,001 \times 0,001 = 0,000\ 001$
$(10^{-3})^2 = 10^{-3 \times 2} = 10^{-6}$

Pour calculer une puissance d'une puissance de 10, il suffit de multiplier les exposants.

Propriété

n et m sont deux entiers relatifs.

$10^n \times 10^m = 10^{n+m}$ On additionne les exposants.

$\dfrac{10^n}{10^m} = 10^{n-m}$ On soustrait les exposants.

$(10^n)^m = 10^{n \times m}$ On multiplie les exposants.

---

2 - Écriture scientifique

a - Notation scientifique

Un nombre peut s'écrire d'une infinité de façons comme le produit d'un autre nombre et d'une puissance de 10.

- *Exemple :*

$546,7 = 54,67 \times 10^1 = 5\ 467 \times 10^{-1} = 5,467 \times 10^2$
$= 546,7 \times 10^0 = \ldots$

Mais une seule de ces écritures possède un premier facteur ayant un seul chiffre non nul avant la virgule : $5,467 \times 10^2$. On dit que $5,467 \times 10^2$ est *l'écriture scientifique* du nombre 546,7.

Définition

L'écriture scientifique d'un nombre décimal strictement positif est de la forme $a \times 10^p$ où :

- *a* est l'écriture décimale réduite d'un nombre décimal compris entre 1 inclus et 10 exclu.
- *p* est un entier relatif.

L'écriture scientifique d'un nombre décimal strictement négatif s'obtient en mettant le signe $(-)$ devant l'écriture scientifique de l'opposé du nombre.

0 n'a pas d'écriture scientifique.

• *Exemples :*

Écriture décimale	Écriture scientifique
2 002	$2{,}002 \times 10^3$
0,003	3×10^{-3}
8 000 000 000	8×10^9
− 60 000	-6×10^4
− 348	$-3{,}48 \times 10^2$

Seuls les nombres décimaux ont une écriture scientifique.

b - Exemples de calculs

• *Exemple 1 :*

Soit $X = 3{,}5 \times 10^4$ et $Y = 4{,}2 \times 10^3$.
$X \times Y = 3{,}5 \times 10^4 \times 4{,}2 \times 10^3 = 3{,}5 \times 4{,}2 \times 10^4 \times 10^3$
$= 14{,}7 \times 10^7 = 1{,}47 \times 10^8$

On permute l'ordre des facteurs. On multiplie les nombres décimaux entre eux et les puissances de dix entre elles. On écrit le résultat en notation scientifique.

• *Exemple 2 :*

$$A = \frac{12 \times 10^{-14} \times 5 \times 10^5}{15 \times 10^3 \times 2 \times 10^2}$$

$$A = \frac{12 \times 5 \times 10^{-14} \times 10^5}{15 \times 2 \times 10^3 \times 10^2}$$

$$A = \frac{12 \times 5}{15 \times 2} \times \frac{10^{-14} \times 10^5}{10^3 \times 10^2}$$

$$A = \frac{60}{30} \times \frac{10^{-9}}{10^5}$$

$$A = 2 \times 10^{-14}$$

On permute l'ordre des facteurs au numérateur et au dénominateur. On calcule séparément les quotients des nombres décimaux et des puissances de 10.

3 - Puissance d'un nombre

a - Puissance d'exposant positif

> **Définition**
>
> a est un nombre quelconque et n un entier supérieur à 2.
> Le nombre a^n est défini par $a^n = a \times a \times \ldots a$, a écrit n fois.
> On lit « a exposant n ».
> Cas particuliers :
> $\boxed{a^1 = a}$
> Si $a \neq 0$, $\boxed{a^0 = 1}$
> 0^0 n'a pas de signification.
> a^2 se lit « a au carré » et a^3 se lit « a au cube ».

• *Exemples :*

$(-2)^4 = (-2) \times (-2) \times (-2) \times (-2) = 16$

$\left(\dfrac{2}{3}\right)^5 = \dfrac{2}{3} \times \dfrac{2}{3} \times \dfrac{2}{3} \times \dfrac{2}{3} \times \dfrac{2}{3} = \dfrac{32}{243}$

⚠ L'ordre intervient.

• *Exemple :*

3 puissance 4 est différent de 4 puissance 3
$3^4 = 3 \times 3 \times 3 \times 3 = 81 \qquad 4^3 = 4 \times 4 \times 4 = 64$

⚠ Ne pas confondre puissance et produit.

• *Exemple :*

3^2 est différent de 3×2.

b - Puissance d'exposant négatif

> **Définition**
>
> Soit a un nombre non nul et n est un entier strictement positif. Le nombre noté a^{-n} est le nombre défini par
> $$a^{-n} = \dfrac{1}{a^n}$$

V- LES PUISSANCES

• *Exemples :*

$4^{-1} = \dfrac{1}{4} = 0{,}25$

$5^{-2} = \dfrac{1}{5^2} = \dfrac{1}{25} = 0{,}04$

$(-2)^{-3} = \dfrac{1}{(-2)^3} = \dfrac{1}{-8} = -0{,}125$

c - Calculer avec des puissances

Dans ce paragraphe, a et b sont deux nombres non nuls et m et n sont deux entiers relatifs.

Multiplication de puissances
Pour multiplier des puissances d'un même nombre, on additionne les exposants.

$$\boxed{a^m \times a^n = a^{m+n}}$$

• *Exemples :*
$3^4 \times 3^2 = 3^{4+2} = 3^6$
$9^5 \times 9^{-3} = 9^{5+(-3)} = 9^2$
$(-4)^{-2} \times (-4)^5 = (-4)^{-2+5} = (-4)^3$

Quotients de puissances
Pour calculer le quotient de puissances d'un même nombre, on soustrait les exposants.

$$\boxed{\dfrac{a^m}{a^n} = a^{m-n}}$$

• *Exemples :*

$\dfrac{7^5}{7^3} = 7^{5-3} = 7^2$ $\qquad \dfrac{2^{12}}{2^{15}} = 2^{12-15} = 2^{-3}$

Puissance d'une puissance
Pour calculer la puissance d'une puissance, on multiplie les exposants.

$$\boxed{(a^m)^n = a^{m \times n}}$$

• *Exemples :*
$(5^2)^3 = 5^{2 \times 3} = 5^6 \qquad (8^3)^{-2} = 8^{3 \times (-2)} = 8^{-6}$

Puissance d'un produit
Pour calculer une puissance d'un produit, on applique la puissance à chacun des facteurs.

$$(a \times b)^n = a^n \times b^n$$

- **Exemples :**

$(2 \times 3)^4 = 2^4 \times 3^4 \qquad (6 \times 0{,}5)^{-3} = 6^{-3} \times (0{,}5)^{-3}$

Puissance d'un quotient
Pour calculer une puissance d'un quotient, on applique la puissance au numérateur et au dénominateur.

$$\left(\frac{a}{b}\right)^n = \frac{a^n}{b^n} \quad (b \neq 0)$$

- **Exemples :**

$\left(\dfrac{1}{3}\right)^4 = \dfrac{1}{3^4} \qquad \left(\dfrac{2}{3}\right)^5 = \dfrac{2^5}{3^5}$

⚠ Pour additionner ou soustraire des puissances, il faut revenir à l'écriture décimale.

- **Exemples :**

$4^3 + 4^2 = 64 + 16 = 80$ et non pas $4^5 = 1\,024$.
$10^6 - 10^4 = 1\,000\,000 - 10\,000 = 990\,000$ et non pas 10^2.
$7^2 + 8^2 = 49 + 64 = 113$ et non 15^2.

VI
CALCULER AVEC DES LETTRES

1 - Le calcul littéral

a - Premières notions

Qu'est-ce qu'une expression littérale ?

> **Définition**
> Une expression est dite littérale quand les nombres y sont représentés par des lettres.

• *Exemple :*
   $A = 2 \times x + 4 \times y - 2$ est une expression littérale.

Quel est l'intérêt du calcul littéral ?
Une lettre peut représenter n'importe quel nombre. On fait ainsi en un seul calcul l'équivalent d'une infinité de calculs numériques. Cela permet de généraliser des résultats, d'établir des formules ou d'énoncer des règles.

• *Exemples :*
   Le périmètre d'un cercle est donné par la formule $P = 2 \times \pi \times r$ où le symbole π représente le nombre pi et la lettre r le rayon du cercle.
   Le volume d'une sphère est donné par la formule :
   $$V = \frac{4}{3} \times \pi \times r^3.$$

b - Simplifier l'écriture d'un calcul

* **Multiplication**

Dans certains cas, il est possible de supprimer le signe ($\times$).

VI- CALCULER AVEC DES LETTRES

	Expression de départ	Expression simplifiée
Entre deux lettres	$a \times b$	ab
Entre deux parenthèses	$a \times (b + c)$	$a(b + c)$
Entre une lettre et un nombre	$b \times 3$	$3b$ et non $b3$
Entre deux parenthèses	$(a + b) \times (c + d)$	$(a + b)(c + d)$

 Dans le calcul numérique 5×4, on ne peut pas supprimer le signe $\times$ pour ne pas le confondre avec le nombre 54.

* **Addition et soustraction**

Dès que c'est possible, on essaye de réduire le nombre de termes.

Expression de départ	Expression réduite
$x + x + x$	$3x$
$5y - 2y$	$3y$
$5x + 3y + 7x + 4y$	$12x + 7y$
$3y - 18y$	$-15y$
$2x - 3x$	$-x$

 Certaines écritures ne peuvent être réduites.

• *Exemple :*

$2x + 7y$ ne se simplifie pas car les lettres x et y ne représentent pas le même nombre. Il en est de même pour l'expression $x^2 + x$.

c - Suppression de parenthèses

Dans le calcul littéral, il est souvent indispensable de supprimer les parenthèses pour pouvoir continuer le calcul.

> Propriété
> **Quand on supprime des parenthèses précédées du signe (+), on conserve le signe de chaque terme situé à l'intérieur des parenthèses.**

VI- Calculer avec des lettres

• *Exemple :*

Simplifier l'expression A :
$A = 3 + 2x + 4y + (5 - 2x + 3y)$
$A = 3 + 2x + 4y + 5 - 2x + 3y$
$A = 8 + 7y.$

Les termes situés à l'intérieur des parenthèses restent inchangés.

Propriété

Quand on supprime des parenthèses précédées par un signe $(-)$, il faut changer le signe de chaque terme situé à l'intérieur des parenthèses.

• *Exemple :*

Simplifier l'expression B :
$B = 3x - 6 + 2y - (5 + 2x - 3y)$
$B = 3x - 6 + 2y - 5 - 2x + 3y$
$B = x + 5y - 11.$

Chaque terme situé à l'intérieur des parenthèses a été remplacé par son opposé.

d - Les priorités opératoires

🎓 **Règle :** En l'absence de parenthèses, on doit effectuer dans l'ordre :
   1- les puissances
   2- les multiplications et les divisions
   3- les additions et les soustractions

• *Exemple :*

On considère l'expression $A = 2x^2 - 5x - 14$.
Calculer A pour $x = -3$.
$A = 2 \times (-3)^2 - 5 \times (-3) - 14$
$A = 2 \times 9 - 5 \times (-3) - 14$
$A = 18 - (-15) - 14$
$A = 18 + 15 - 14$
$A = 19.$

On effectue d'abord la puissance, puis les multiplications et enfin les additions et les soustractions.

🎓 **Règle :** Si l'expression comporte des parenthèses, on commence par effectuer les calculs entre parenthèses.

• *Exemple :*

On considère l'expression $B = 4(2x + 1)^2 - 8x + 10$
Calculer B pour $x = 3$.

$B = 4(2 \times 3 + 1)^2 - 8 \times 3 + 10$
$B = 4(6 + 1)^2 - 8 \times 3 + 10$
$B = 4 \times 7^2 - 8 \times 3 + 10$
$B = 4 \times 49 - 8 \times 3 + 10$
$B = 196 - 24 + 10$
$B = 182.$

On commence par effectuer les calculs entre parenthèses en respectant les priorités.

2 - Développer et factoriser

a - Développer une expression littérale

Définition

Développer un produit de facteurs comportant des parenthèses, c'est appliquer la distributivité au moins une fois.

Propriété

a, b et c sont trois nombres.

$$a \times (b + c) = a \times b + a \times c$$
$$a \times (b - c) = a \times b - a \times c$$

• *Exemples :*

$5(4 + x) = 5 \times 4 + 5 \times x = 20 + 5x$
$(3 + y^2) \times 4 = 3 \times 4 + y^2 \times 4 = 12 + 4y^2$
$y(y + 2x) = y \times y + y \times 2x = y^2 + 2yx$
$2(3y - 7) = 2 \times 3y - 2 \times 7 = 6y - 14$
$(2x - 3)x = 2x \times x - 3 \times x = 2x^2 - 3x$

Propriété

a, b, c et d sont quatre nombres.

$(a + b) \times (c + d) = a \times c + a \times d + b \times c + b \times d$
$(a - b) \times (c + d) = a \times c + a \times d - b \times c - b \times d$
$(a + b) \times (c - d) = a \times c - a \times d + b \times c - b \times d$
$(a - b) \times (c - d) = a \times c - a \times d - b \times c + b \times d$

VI- CALCULER AVEC DES LETTRES

• *Exemples :*

Développer et réduire les expressions suivantes :

$A = (x + 3)(x + 5)$
On développe chaque expression à l'aide des formules données ci-dessus.
$A = x \times x + x \times 5 + 3 \times x + 3 \times 5$
On simplifie chaque expression en supprimant les signes (×) inutiles.
$A = x^2 + 5x + 3x + 15$
On réduit chaque expression en regroupant les termes de même nature.
$A = x^2 + 8x + 15$

$B = (2x - 7)(4 - x) + (x - 1)(5 - 4x)$
On développe les deux expressions simultanément.
$B = 2x \times 4 - 2x \times x - 7 \times 4 + 7 \times x + x \times 5 - x \times 4x$
$ - 1 \times 5 + 1 \times 4x$
$B = 8x - 2x^2 - 28 + 7x + 5x - 4x^2 - 5 + 4x$
On réduit chaque expression en regroupant les termes de même nature.
$B = -6x^2 + 24x - 33$

$C = (3x + 4)(x - 7) - (2x - 3)(x + 1)$
On met des crochets autour du produit précédé par le signe (−).
$C = 3x \times x - 3x \times 7 + 4 \times x - 4 \times 7$
$ - [2x \times x + 2x \times 1 - 3 \times x - 3 \times 1]$
On enlève les crochets et on change le signe de chaque terme situé à l'intérieur des crochets.
$C = 3x^2 - 21x + 4x - 28 - 2x^2 - 2x + 3x + 3$
$C = x^2 - 16x - 25$

b - Factoriser une expression

Définition

Factoriser une expression, c'est l'écrire sous la forme d'un produit de facteurs. C'est l'action inverse de développer.

VI- CALCULER AVEC DES LETTRES

Propriété

a, *b* et *c* sont trois nombres.

$$a \times b + a \times c = a \times (b + c)$$
$$a \times b - a \times c = a \times (b - c)$$

Ce sont ces formules que l'on utilise quand on réduit des expressions. On fait sans le savoir des factorisations.

• *Exemples :*

$3x + 4x = 3 \times x + 4 \times x = (3 + 4) \times x = 7 \times x = 7x$
$5y - 3y = 5 \times y - 3 \times y = (5 - 3) \times y = 2 \times y = 2y$
$x - 6x = 1x - 6x = (1 - 6) \times x = -5 \times x = -5x$

 Il ne faut pas oublier que $x = 1x$!

Les exemples qui suivent illustrent l'utilisation de ces deux formules. La difficulté de la factorisation réside dans la mise en évidence du facteur commun.

• *Exemple 1 :*

Factoriser l'expression $A = 24 + 16x$.
Le facteur commun est le plus grand nombre qui divise à la fois 24 et 16 : c'est 8. On le fait apparaître dans l'expression.
$A = 8 \times 3 + 8 \times 2x$
$A = 8 \times (3 + 2x)$
$A = 8(3 + 2x)$

• *Exemple 2 :*

Factoriser l'expression $B = 2y^2x - 10xy$.
Le facteur commun est la plus grande expression qui divise à la fois $2y^2x$ et $10xy$: c'est $2xy$. On fait apparaître $2xy$ dans l'expression.
$B = 2xy \times y - 2xy \times 5$
$B = 2xy \times (y - 5)$
$B = 2xy\,(y - 5)$

• *Exemple 3 :*

Factoriser l'expression $C = x(x + 1) + (2x - 5)(x + 1)$.
Le facteur commun est $(x + 1)$. On le souligne une fois dans chaque terme.

$C = x(\underline{x + 1}) + (2x - 5)(\underline{x + 1})$
On factorise $(x + 1)$ par ce qui n'a pas été souligné.
$C = (x + 1)[x + (2x - 5)]$
$C = (x + 1)(x + 2x - 5)$
$C = (x + 1)(3x - 5)$

- **Exemple 4 :**
Factoriser l'expression $D = (2x + 1)^2 - (2x + 1)(x - 3)$.
$D = (\underline{2x + 1}) \times (2x + 1) - (\underline{2x + 1})(x - 3)$
$D = (2x + 1)[(2x + 1) - (x - 3)]$
$D = (2x + 1)(2x + 1 - x + 3)$
$D = (2x + 1)(x + 4)$

3 - Les identités remarquables

On désigne sous le nom d'identités remarquables le développement de trois expressions :
– Le carré de la somme de deux termes $(a + b)^2$
– Le carré d'une différence de deux termes $(a - b)^2$
– Le produit de la somme par la différence $(a + b)(a - b)$.

a - Carré d'une somme

$(a + b)^2 = (a + b)(a + b)$
$ = a \times a + a \times b + b \times a + b \times b$
Or $a \times b = b \times a = ab$
$ = a^2 + ab + ab + b^2$
$ = a^2 + 2ab + b^2$

Propriété
a et b sont deux nombres
$(a + b)^2 = a^2 + 2ab + b^2$

Le terme $2ab$ s'appelle **le double produit**.

- **Exemples :**

$(x + 3)^2 = x^2 + 2 \times x \times 3 + 3^2 = x^2 + 6x + 9$
$(3x + 5)^2 = (3x)^2 + 2 \times 3x \times 5 + 5^2 = 9x^2 + 30x + 25$
$\left(\dfrac{x}{2} + \dfrac{1}{4}\right)^2 = \left(\dfrac{x}{2}\right)^2 + 2 \times \dfrac{x}{2} \times \dfrac{1}{4} + \left(\dfrac{1}{4}\right)^2 = \dfrac{x^2}{4} + \dfrac{x}{4} + \dfrac{1}{16}$

b - Carré d'une différence

$$(a - b)^2 = (a - b)(a - b)$$
$$= a \times a - a \times b - b \times a + b \times b$$
$$= a^2 - ab - ab + b^2$$
$$= a^2 - 2ab + b^2$$

Propriété

a et b sont deux nombres
$$(a - b)^2 = a^2 - 2ab + b^2$$

- *Exemples :*

$(y - 5)^2 = y^2 - 2 \times y \times 5 + 5^2 = y^2 - 10y + 25$
$(3 - 2y)^2 = 3^2 - 2 \times 3 \times 2y + (2y)^2 = 9 - 12y + 4y^2$

c - Produit de la somme par la différence

$$(a + b)(a - b) = a \times a - a \times b + b \times a - b \times b$$
$$= a^2 - ab + ab - b^2$$
$$= a^2 - b^2$$

Propriété

a et b sont deux nombres
$$(a - b)(a + b) = a^2 - b^2$$

- *Exemples :*

$(2y + 3)(2y - 3) = (2y)^2 - 3^2 = 4y^2 - 9$

$\left(\dfrac{x}{2} + \dfrac{1}{3}\right)\left(\dfrac{x}{2} - \dfrac{1}{3}\right) = \left(\dfrac{x}{2}\right)^2 - \left(\dfrac{1}{3}\right)^2 = \dfrac{x^2}{4} - \dfrac{1}{9}$

d - Factoriser des identités remarquables

La difficulté réside dans le fait que le facteur commun n'apparaît pas. Il s'agit donc de reconnaître le développement d'un des trois produits remarquables.

* Une expression de la forme $\triangledown^2 + 2\triangledown\square + \square^2$ se factorise en $(\triangledown + \square)^2$.

- *Exemple 1 :*

  $A = x^2 + 14x + 49$ On reconnaît la forme
  $A = x^2 + 2 \times 7 \times x + 7^2$ $\triangledown^2 + 2\triangledown\square + \square^2$
  $A = (x + 7)^2$ où $\triangledown = x$ et $\square = 7$.

- *Exemple 2 :*

  $B = 16x^2 + 24x + 9$
  $B = (4x)^2 + 2 \times 4x \times 3 + 3^2$
  $B = (4x + 3)^2$

  * Une expression de la forme $\triangledown^2 - 2\triangledown\square + \square^2$ se factorise en $(\triangledown - \square)^2$.

- *Exemple 1 :*

  $A = y^2 - 8y + 16$ On reconnaît la forme
  $A = y^2 - 2 \times 4 \times y + 4^2$ $\triangledown^2 - 2\triangledown\square + \square^2$
  $A = (y - 4)^2$ où $\triangledown = y$ et $\square = 4$.

- *Exemple 2 :*

  $B = 9y^2 - 15y + \dfrac{25}{4}$
  $B = (3y)^2 - 2 \times 3y \times \dfrac{5}{2} + \left(\dfrac{5}{2}\right)^2$
  $B = (3y - \dfrac{5}{2})^2$

  * Une expression de la forme $\triangledown^2 - \square^2$ se factorise en $(\triangledown - \square)(\triangledown + \square)$.

- *Exemple 1 :*

  $A = 9 - y^2$
  $A = 3^2 - y^2$
  $A = (3 - y)(3 + y)$

- *Exemple 2 :*

  $B = 25x^2 - \dfrac{1}{81}$

  $B = (5x)^2 - \left(\dfrac{1}{9}\right)^2$

  $B = (5x + \dfrac{1}{9})(5x - \dfrac{1}{9})$

- *Exemple 3 :*

  $C = (x + 3)^2 - 64$
  $C = (x + 3)^2 - 8^2$
  $C = [(x + 3) - 8][(x + 3) + 8]$
  $C = (x + 3 - 8)(x + 3 + 8)$
  $C = (x - 5)(x + 11)$

- *Exemple 4 :*

  $D = (2y + 5)^2 - (3y - 7)^2$
  $D = [(2y + 5) - (3y - 7)][(2y + 5) + (3y - 7)]$
  $D = (2y + 5 - 3y + 7)(2y + 5 + 3y - 7)$
  $D = (-y + 12)(5y - 2)$

⚠ Une expression peut ressembler à une identité remarquable sans en être une. Il convient d'être particulièrement vigilant sur le double produit.

- *Exemple :*

  $16x^2 + 30x + 25$ ressemble au développement de $(4x + 5)^2$. Mais il n'en est rien car $(4x + 5)^2 = 16x^2 + 40x + 25$.

VII
RACINES CARRÉES

1 - Racine carrée d'un nombre positif

a - Première approche

On découpe deux carrés d'aire 1 cm² suivant leur diagonale et, en les rassemblant, on obtient ainsi un carré d'aire 2 cm².
Quelle est la longueur du côté du carré ainsi obtenu ?
Les mathématiciens grecs de l'Antiquité se sont posé cette question il y a vingt-quatre siècles. Ils ont fini par admettre que cette longueur n'était ni un nombre décimal, ni une fraction.
Il a fallu inventer un nouveau nombre nommé racine de 2 et noté $\sqrt{2}$. On définit donc $\sqrt{2}$ comme le nombre positif tel que $(\sqrt{2})^2 = 2$.

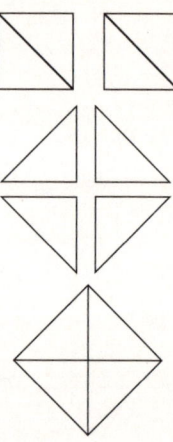

> **Définition**
>
> a désigne un nombre positif. La racine carrée de a est le nombre positif dont le carré est égal à a.
> On note ce nombre $\sqrt{a}$ et on lit « racine carrée de a ».

• *Exemples* :

$\sqrt{11}$ est le nombre qui élevé au carré donne 11. Mais contrairement à $\sqrt{11}$, certains nombres écrits avec le symbole $\sqrt{}$ peuvent s'écrire plus simplement :
$\sqrt{16} = 4$ car $4^2 = 16$. $\sqrt{16}$ est un entier.
$\sqrt{2,25} = 1,5$ car $1,5^2 = 2,25$. $\sqrt{2,25}$ est un nombre décimal.

$\sqrt{\dfrac{9}{4}} = \dfrac{3}{2}$ car $\left(\dfrac{3}{2}\right)^2 = \dfrac{9}{4}$. $\sqrt{\dfrac{9}{4}}$ est une fraction.
$\sqrt{0} = 0$.

 La racine carrée d'un nombre négatif n'existe pas.

- *Exemple :*
  $\sqrt{-3}$ n'existe pas.

Propriété
Pour tout nombre positif *a*, on a
$$(\sqrt{a})^2 = a$$

- *Exemple :*
  $(\sqrt{5})^2 = 5$

b - Calculatrice et racine carrée

La touche $\boxed{\sqrt{x}}$ ne fournit pas en général la valeur exacte d'une racine carrée.

- *Exemples :*
  $\boxed{\sqrt{x}}$ 576 donne 24.
  $\boxed{\sqrt{x}}$ 575 donne 23,979158 qui est une valeur approchée.

c - Carrés parfaits

Définition
On appelle carré parfait un entier positif dont la racine carrée est un entier.

- *Exemples :*
  576 est un carré parfait car $\sqrt{576} = 24$.
  196 est un carré parfait car $\sqrt{196} = 14$.

2 - Calculer avec des racines carrées

a - Produit de deux racines carrées

Propriété

a et b sont deux nombres positifs.
$$\sqrt{a \times b} = \sqrt{a} \times \sqrt{b}$$
La racine carrée d'un produit de nombres positifs est égale au produit des racines carrées.

• *Exemple :*
$$\sqrt{50} \times \sqrt{2} = \sqrt{2 \times 50} = \sqrt{100} = 10 \text{ car } 10^2 = 100$$

Propriété

a est un nombre positif
$$\sqrt{a^2} = a$$

• *Exemple :*
$$\sqrt{10^6} = \sqrt{(10^3)^2} = 10^3$$

b - Racine carrée d'un quotient

Propriété

a et b sont deux nombres positifs, $b \neq 0$
$$\sqrt{\frac{a}{b}} = \frac{\sqrt{a}}{\sqrt{b}}$$
La racine carrée d'un quotient de nombres positifs est égale au quotient des racines carrées.

• *Exemple :*
$$\frac{\sqrt{200}}{\sqrt{50}} = \sqrt{\frac{200}{50}} = \sqrt{4} = 2$$

⚠ Une erreur fréquente consiste à écrire que la racine carrée de la somme est égale à la somme des racines carrées. C'est faux en général.

VII- RACINES CARRÉES

- *Exemple :*

$\sqrt{16+9} = \sqrt{25} = 5$ alors que $\sqrt{16} + \sqrt{9} = 4 + 3 = 7$.
$\sqrt{16+9} \neq \sqrt{16} + \sqrt{9}$.

$$\boxed{\text{Si } ab \neq 0, \text{ alors } \sqrt{a+b} \neq \sqrt{a} + \sqrt{b}}$$

Il en est de même pour la racine carrée de la différence qui en général n'est pas égale à la différence des racines carrées.

- *Exemple :*

$\sqrt{100-64} = \sqrt{36} = 6$ alors que $\sqrt{100} - \sqrt{64} = 10 - 8 = 2$.
$\sqrt{100-64} \neq \sqrt{100} - \sqrt{64}$.

$$\boxed{\text{Si } ab \neq 0 \text{ et } a > b, \text{ alors } \sqrt{a-b} \neq \sqrt{a} - \sqrt{b}}$$

c - Simplifier des expressions contenant des racines carrées

- *Exemple 1 :*

$A = 3 \times \sqrt{2} \times 5 \times \sqrt{8} = 3 \times 5 \times \sqrt{2} \times \sqrt{8}$
$= 15 \times \sqrt{2 \times 8} = 15 \times \sqrt{16} = 15 \times 4 = 60$

On permute l'ordre des facteurs, on transforme le produit des racines carrées en la racine du produit.

- *Exemple 2 :*

$B = \sqrt{\dfrac{5}{27}} \times \sqrt{3} = \sqrt{\dfrac{5 \times 3}{27}} = \sqrt{\dfrac{5 \times 3}{9 \times 3}} = \sqrt{\dfrac{5}{9}} = \dfrac{\sqrt{5}}{\sqrt{9}} = \dfrac{\sqrt{5}}{3}$

On transforme le produit des racines carrées en la racine carrée du produit. On simplifie le quotient par 3. On transforme la racine du quotient en le quotient des racines.

- *Exemple 3 :*

$C = 7\sqrt{3} - 3\sqrt{48} + 5\sqrt{12}$

On cherche sous chaque radical $\sqrt{}$ le plus grand carré parfait s'il existe.

$C = 7\sqrt{3} - 3\sqrt{16 \times 3} + 5\sqrt{4 \times 3}$

On simplifie les racines des produits en le produit des racines.

$C = 7 \times \sqrt{3} - 3 \times \sqrt{16} \times \sqrt{3} + 5 \times \sqrt{4} \times \sqrt{3}$

On remplace les racines carrées des carrés parfaits par leur valeur entière.

$C = 7 \times \sqrt{3} - 3 \times 4 \times \sqrt{3} + 5 \times 2 \times \sqrt{3}$

$= 7 \times \sqrt{3} - 12 \times \sqrt{3} + 10 \times \sqrt{3}$

$= (7 - 12 + 10) \times \sqrt{3}$

$= 5 \times \sqrt{3}.$

d - Identités remarquables et racines carrées

- *Exemple 1 :*

$A = (\sqrt{5} + \sqrt{2})^2$

$= \sqrt{5}^2 + 2 \times \sqrt{5} \times \sqrt{2} + \sqrt{2}^2$

$= 5 + 2\sqrt{10} + 2$

$= 7 + 2\sqrt{10}.$

- *Exemple 2 :*

$B = (3\sqrt{7} - 5\sqrt{3})^2$

$= (3\sqrt{7})^2 - 2 \times 3\sqrt{7} \times 5\sqrt{3} + (5\sqrt{3})^2$

$= 9 \times 7 - 30\sqrt{21} + 25 \times 3$

$= 63 - 30\sqrt{21} + 75$

$= 138 - 30\sqrt{21}.$

- *Exemple 3 :*

$C = (\sqrt{13} - \sqrt{5})(\sqrt{13} + \sqrt{5})$

$= \sqrt{13}^2 - \sqrt{5}^2$

$= 13 - 5$

$= 8.$

3 - COMPARAISON DE RACINES CARRÉES

Approche géométrique.
On considère les deux carrés ci-contre. Le premier a pour côté $\sqrt{a}$, le second $\sqrt{b}$. Le premier carré a pour aire $(\sqrt{a})^2 = a$. L'aire du second est $(\sqrt{b})^2 = b$. Le carré qui a la plus grande aire est celui qui a le plus grand côté. D'où la propriété suivante :

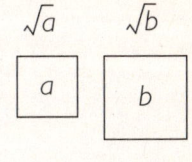

Propriété

a et b sont deux nombres positifs.
Les nombres $\sqrt{a}$ et $\sqrt{b}$ sont rangés dans le même ordre que les nombres a et b.
> Si $a < b$, alors $\sqrt{a} < \sqrt{b}$
> Si $a > b$, alors $\sqrt{a} > \sqrt{b}$

• *Exemple 1 :*
Comparer $\sqrt{45}$ et $\sqrt{54}$.
$\sqrt{45} < \sqrt{54}$ car $45 < 54$.

• *Exemple 2 :*
Comparer 7 et $\sqrt{48}$.
7 et $\sqrt{48}$ sont rangés dans le même ordre que leurs carrés.
$7^2 = 49 \quad (\sqrt{48})^2 = 48$
$49 > 48$, donc $7 > \sqrt{48}$.

• *Exemple 3 :*

Comparer $3\sqrt{2}$ et $\sqrt{21}$.
On compare les carrés des deux nombres.
$(3\sqrt{2})^2 = 3^2 \times (\sqrt{2})^2 = 9 \times 2 = 18$
$(\sqrt{21})^2 = 21$
$18 < 21$, donc $3\sqrt{2} < \sqrt{21}$.

VIII
ÉQUATIONS ET INÉQUATIONS

1 - Équation du premier degré à une inconnue

a - Notion d'équation

Qu'est-ce qu'une équation ?

> **Définition**
> Une équation est une égalité dans laquelle un nombre inconnu est remplacé par une lettre.

- *Exemples :*

    $x + 5 = 14$, équation du premier degré à une inconnue x.
    $x + 2 = y - 4$, équation du premier degré à deux inconnues x et y.
    $z^2 + 3 = 2z + 1$, équation du second degré à une inconnue z.
    La dernière équation est dite du second degré car elle contient z^2.

L'inconnue dans une équation peut être représentée par n'importe quelle lettre.

- *Exemple :*

    $x - 3 = 7$ est la même équation que $y - 3 = 7$.

Les termes qui sont de part et d'autre du signe « = » sont les **membres de l'équation**.

- *Exemple :*

    Les membres de l'équation $3z + 1 = 4 - z$ sont $3z + 1$ et $4 - z$.

Résoudre une équation à une inconnue, c'est chercher la ou les valeurs de la lettre qui rendent l'égalité vraie.
Ces valeurs, si elles existent, sont les **solutions** de l'équation.

VIII- Équations et inéquations

• *Exemple :*

Soit l'équation $3x = 24$. Si on remplace la lettre x par 5 dans l'écriture $3x = 24$, on obtient $3 \times 5 = 24$ qui est une égalité fausse. 5 n'est pas solution de l'équation. Par contre, si on remplace x par 8 dans $3x = 24$, on obtient $3 \times 8 = 24$ qui est une égalité vraie. 8 est solution de l'équation.

b - Propriété des équations

Dans la résolution d'une équation, on a souvent recours aux propriétés suivantes :

> **Propriété**
> **Si on ajoute ou si on retranche le même nombre à chaque membre d'une équation, on obtient une équation équivalente.**

Autrement dit, les solutions restent inchangées.

• *Exemple 1 :*

Soit l'équation $x - 3 = 12$.
$x - 3 = 12$ On ajoute 3 à chaque membre de l'équation.
$x \underbrace{- 3 + 3}_{0} = (12 + 3)$
$x = 15$ On obtient une équation plus simple.

Tout se passe comme si l'on faisait « passer » le terme -3 d'un membre dans l'autre en changeant son signe. On dit que l'on a transposé -3.

• *Exemple 2 :*

Soit l'équation $x + 4 = -6$.
$x + 4 = -6$ On transpose 4.
$x = -6 - 4$
$x = -10$

> **Propriété**
> **Si on multiplie ou si on divise par le même nombre non nul chaque membre d'une équation, on obtient une équation équivalente.**

VIII- ÉQUATIONS ET INÉQUATIONS

• *Exemple :*

Soit l'équation $4x = 20$.
$4x = 20$ On divise par 4 chaque membre de l'équation.
$$\frac{4x}{4} = \frac{20}{4}$$
$x = 5$

c - Équations fondamentales

Toutes les équations du premier degré peuvent se ramener à quelques équations simples.
a et b sont deux nombres donnés positifs ou négatifs et x est l'inconnue.

* Équation du type $x + a = b$

Résolution : $x + a = b$ On retranche a aux deux membres de l'équation.
$x + a - a = b - a$
$x = b - a$
L'équation $x + a = b$ a pour solution $x = b - a$.

• *Exemples :*

$x + 11 = 27$ a pour solution $x = 27 - 11 = 16$.
$x - 5 = 13$ a pour solution $x = 13 - (-5) = 13 + 5 = 18$.
$x + 10 = 3$ a pour solution $x = 3 - 10 = -7$.

* Équation du type $ax = b$ ($a \neq 0$)

Résolution : $ax = b$ On divise les deux membres de l'équation par a.
$$\frac{ax}{a} = \frac{b}{a}$$ On simplifie le membre de gauche par a.
$x = \frac{b}{a}$.
L'équation $ax = b$ a pour solution $x = \frac{b}{a}$.

• *Exemples :*

$4x = 18$ a pour solution $x = \frac{18}{4} = 4,5$.

VIII- ÉQUATIONS ET INÉQUATIONS

$8x = 5$ a pour solution $x = \dfrac{5}{8} = 0{,}625$.

$3x = 7$ a pour solution $x = \dfrac{7}{3}$.

On ne peut pas donner de valeur décimale de la solution, on laisse le résultat sous forme fractionnaire.

∗ Équation du type $\dfrac{x}{a} = b$ ($a \neq 0$)

Résolution : $\dfrac{x}{a} = b$

On multiplie les deux membres de l'équation par a.

$a \times \dfrac{x}{a} = b \times a$

On simplifie le membre de gauche par a. $x = ba$

L'équation $\dfrac{x}{a} = b$ a pour solution $x = ba$.

• *Exemple :*

$\dfrac{x}{7} = 3{,}5$ a pour solution $x = 7 \times 3{,}5 = 24{,}5$

Cas particuliers :

$0x = 6$ est une **équation impossible** car elle n'admet aucune solution. En effet, quelle que soit la valeur de x, $0x$ ne peut être égal à 6.

$0x = 0$ est une **équation indéterminée** car toute valeur donnée à x convient.

d - Résolution d'équations du premier degré

• *Exemple 1 :*

Soit à résoudre l'équation $5(x - 6) = 3(x + 3)$

$5(x - 6) = 3(x + 3)$ On développe les deux membres de l'équation.

$5x - 30 = 3x + 9$ On ajoute 30 aux deux membres pour isoler « $5x$ ».

$5x = 3x + 9 + 30$ On retranche « $3x$ » aux deux membres pour isoler les unités.

VIII- Équations et inéquations

$5x - 3x = 39$ — On réduit le membre de gauche.

$2x = 39$ — On est ramené à la résolution d'une équation du type $ax = b$.

$x = \dfrac{39}{2} = 19,5$ — L'équation a pour solution 19,5.

• *Exemple 2 :*

Soit à résoudre l'équation $\dfrac{x-3}{4} + \dfrac{x+5}{3} = 5$

$\dfrac{3(x-3)}{12} + \dfrac{4(x+5)}{12} = \dfrac{5 \times 12}{12}$ — On réduit tous les termes de l'équation au même dénominateur.

$3(x-3) + 4(x+5) = 60$ — On multiplie les membres de l'équation par 12.

$3x - 9 + 4x + 20 = 60$ — On développe les produits.

$3x + 4x = 60 + 9 - 20$ — On transpose -9 et 20.

$7x = 49$ — On réduit les deux membres.

$x = \dfrac{49}{7} = 7$ — L'équation a pour solution 7.

• *Exemple 3 :*

Soit à résoudre l'équation $-x + 5 + 4x = 6x + 7 - 3x$

$-x + 5 + 4x = 6x + 7 - 3x$ — On réduit les deux membres.

$5 + 3x = 3x + 7$ — On transpose $3x$ à gauche et 5 à droite.

$3x - 3x = 7 - 5$ — On réduit à nouveau les deux membres.

$0x = 2$

C'est une équation impossible. Il n'y a pas de solution.

• *Exemple 4 :*

Soit à résoudre l'équation $4x - 2 + 6x = 15x - 3 - 5x + 1$

$4x - 2 + 6x = 15x - 3 - 5x + 1$ On réduit les deux membres.

$10x - 2 = 10x - 2$ On transpose $10x$ à gauche et -2 à droite.

$10x - 10x = -2 + 2$

$0x = 0$

C'est une équation indéterminée. Tout nombre est solution.

2 - ÉQUATIONS SE RAMENANT À DES ÉQUATIONS DU PREMIER DEGRÉ

a - Équation produit

> **Définition**
> Une équation produit est une équation dont l'un des membres est un produit de facteurs.

- *Exemple :*

L'équation $(x - 4)(x + 5)(2x + 6) = 0$ est une équation produit. On utilise la propriété suivante pour résoudre cette équation :

> **Propriété**
> Un produit est nul si et seulement si l'un au moins des facteurs de ce produit est nul.
>
> $A \times B = 0$ si et seulement si $A = 0$ ou $B = 0$

Par suite $(x - 4)(x + 5)(2x + 6) = 0$ si et seulement si
$(x - 4) = 0$ ou $(x + 5) = 0$ ou $(2x + 6) = 0$

On résout séparément trois équations du premier degré.

$x - 4 = 0$ $x + 5 = 0$ $2x + 6 = 0$

$x = 4$ $x = -5$ $2x = -6$

$ x = -\dfrac{6}{2} = -3$

Les solutions de l'équation sont -5, -3 et 4.

VIII- ÉQUATIONS ET INÉQUATIONS

Il est souvent utile de factoriser pour résoudre des équations.

• *Exemple :*

Soit à résoudre l'équation $x^2 + 2x + 1 = (x + 1)(3x - 4)$
On factorise le membre de gauche qui est une identité remarquable.
$(x + 1)^2 = (x + 1)(3x - 4)$
On transpose tout dans un seul membre.
$(x + 1)^2 - (x + 1)(3x - 4) = 0$
On factorise en mettant $(x + 1)$ en facteur.
$(x + 1)[(x + 1) - (3x - 4)] = 0$
On supprime les parenthèses.
$(x + 1)[x + 1 - 3x + 4] = 0$
On réduit l'expression entre crochets.
$(x + 1)(-2x + 5) = 0$
On obtient une équation produit.
Un produit de facteurs est nul si et seulement si l'un ou l'autre des facteurs est nul.
Par suite $(x + 1)(-2x + 5) = 0$ si et seulement si :
$x + 1 = 0$ ou $-2x + 5 = 0$
$x = -1 \qquad -2x = -5$
$\qquad\qquad x = \dfrac{-5}{-2} = \dfrac{5}{2}$
Les deux solutions de l'équation sont -1 et $\dfrac{5}{2}$.

b - Équation du type $x^2 = a$

x est l'inconnue et a un nombre donné. On distingue trois cas :

Si $a < 0$, alors l'équation n'admet aucune solution.

• *Exemple :*

L'équation $x^2 = -3$ n'a pas de solution car x^2 est toujours positif et ne peut être égal à un nombre négatif.

Si $a = 0$, alors l'équation admet une seule solution, $x = 0$

• *Exemple :*

L'équation $x^2 = 0$ admet une seule solution, 0.

Si $a > 0$, alors l'équation admet deux solutions, $\sqrt{a}$ et $-\sqrt{a}$.
En effet si $a > 0$, $\sqrt{a}$ existe. L'équation s'écrit alors $x^2 = (\sqrt{a})^2$.

$x^2 - (\sqrt{a})^2 = 0$ On factorise l'identité remarquable.
$(x - \sqrt{a})(x + \sqrt{a}) = 0$ On reconnaît une équation produit.
Cette équation admet deux solutions, $\sqrt{a}$ et $-\sqrt{a}$.

- *Exemples* :

    L'équation $x^2 = 9$ admet deux solutions, 3 et -3.
    L'équation $x^2 = 7$ admet deux solutions, $\sqrt{7}$ et $-\sqrt{7}$.

3 - Mettre un problème en équations

On procède en plusieurs étapes.

1re étape	Lire l'énoncé attentivement.
2e étape	Après avoir compris ce que l'on cherche, faire le choix d'une lettre pour désigner l'inconnue.
3e étape	Mettre en équation le problème posé.
4e étape	Résoudre l'équation.
5e étape	Discussion : vérifier que le ou les nombres trouvés répondent au problème posé.
6e étape	Conclusion.

- *Exemple 1* :

    Trouver trois entiers consécutifs dont la somme est 366.
    Choix de l'inconnue : Soit n le plus petit des entiers. Les 3 entiers consécutifs sont n, $n + 1$ et $n + 2$.

    Mise en équation : $n + (n + 1) + (n + 2) = 366$

    Résolution de l'équation :
    $$n + n + 1 + n + 2 = 366$$
    $$3n + 3 = 366$$
    $$3n = 363$$
    $$n = \frac{363}{3} = 121$$

    Vérification : $121 + 122 + 123 = 366$.

    Conclusion : Les trois entiers consécutifs sont 121, 122 et 123.

- *Exemple 2* :

    Aujourd'hui Max est deux fois plus âgé qu'Antoine, mais il y a dix ans Max était trois plus âgé qu'Antoine. Quel est l'âge de chacun ?

VIII- ÉQUATIONS ET INÉQUATIONS

Choix de l'inconnue :   Soit x l'âge d'Antoine aujourd'hui.
                        L'âge de Max aujourd'hui est $2x$.
Il y a 10 ans, l'âge d'Antoine était $x - 10$, celui de Max était de $2x - 10$.

Mise en équation : $3(x - 10) = 2x - 10$

Résolution de l'équation :
$$3(x - 10) = 2x - 10$$
$$3x - 30 = 2x - 10$$
$$3x - 2x = -10 + 30$$
$$x = 20$$

Vérification : Si Antoine a aujourd'hui 20 ans, Max en a 40, donc le double. Il y a 10 ans, Antoine avait 10 ans et Max 30, soit le triple.

Conclusion : Max a quarante ans et Antoine vingt.

- *Exemple 3 :*

Trouver un rectangle dont la longueur soit le triple de la largeur et tel que son aire soit égale à 108 cm².
Choix de l'inconnue : Soit L la largeur.
                      Soit $3L$ la longueur.

Mise en équation : $3L \times L = 108$

Résolution de l'équation : $3L^2 = 108$
$$L^2 = \frac{108}{3} = 36$$
$$L = 6 \text{ ou } L = -6$$

Vérification : Seule la solution $L = 6$ convient car une longueur est un nombre positif.

Conclusion : Le rectangle a pour longueur 18 cm et pour largeur 6 cm.

4 - Système d'équations

a - Équation à deux inconnues

Définition
Une équation à deux inconnues x et y est une égalité contenant les lettres x et y.

• *Exemple :*

L'égalité $2x + 5y = 16$ est une équation du premier degré à deux inconnues.
Si on remplace x par 3 et y par 2, on obtient l'égalité $2 \times 3 + 5 \times 2 = 16$ qui est une égalité vraie. On dit que le couple (3 ; 2) est solution de l'équation.
Par contre le couple (2 ; 3) n'est pas solution de cette équation. En effet $2 \times 2 + 5 \times 3 = 16$ est une égalité fausse.
L'équation $2x + 5y = 16$ a une infinité de couples solutions. En voici d'autres : (8 ; 0) et (-2 ; 4).

b - Système

Définition

Un groupement de deux équations du premier degré à deux inconnues s'appelle un système d'équations à deux inconnues.

• *Exemple :*

$$\begin{cases} 2x - 5y = 12 \\ 3x + 4y = -5 \end{cases}$$

est un système de deux équations à deux inconnues.

Le couple (1 ; -2) est solution du système car il vérifie chacune des deux équations :

$2 \times 1 - 5 \times (-2) = 2 + 10 = 12$
et $3 \times 1 + 4 \times (-2) = 3 - 8 = -5$.

En revanche, le couple (6 ; 0) vérifie la première équation mais pas la seconde. Ce couple n'est pas solution du système.

**Résoudre un système de deux équations à deux inconnues, c'est trouver tous les couples (x ; y) qui vérifient simultanément les deux équations.
Un système de deux équations du premier degré à deux inconnues admet en général une solution unique.**

VIII- Équations et inéquations

c - Résolution d'un système par substitution

🎓 **Règle :** Dans la méthode de substitution, on calcule l'une des inconnues dans l'une des équations puis, dans l'autre équation, on substitue à cette inconnue la valeur ainsi trouvée.

• **Exemple :**

Résoudre le système suivant :
$$\begin{cases} -3x + 4y = 23 \\ 2x + y = 3 \end{cases}$$

On transpose $2x$.
$$\begin{cases} -3x + 4y = 23 \\ y = 3 - 2x \end{cases}$$

On remplace y par $3 - 2x$ dans la 1re équation.
$$\begin{cases} -3x + 4(3-2x) = 23 \\ y = 3 - 2x \end{cases}$$

On développe le produit.
$$\begin{cases} -3x + 12 - 8x = 23 \\ y = 3 - 2x \end{cases}$$

On transpose 12.
$$\begin{cases} -3x - 8x = 23 - 12 \\ y = 3 - 2x \end{cases}$$

On réduit les deux membres.
$$\begin{cases} -11x = 11 \\ y = 3 - 2x \end{cases}$$

On résout la 1re équation.
$x = \dfrac{11}{-11} = -1.$

On remplace x par (-1) dans la seconde équation.
$$\begin{cases} x = -1 \\ y = 3 - 2 \times (-1) \end{cases}$$

$$\begin{cases} x = -1 \\ y = 5 \end{cases}$$

Le système a pour solution unique le couple $(-1\,;5)$.

d - Résolution d'un système par addition (ou par combinaison)

🎓 **Règle :** Dans la méthode d'addition, on multiplie les deux membres de chaque équation par des nombres choisis de telle sorte que les coefficients d'une des inconnues deviennent opposés. De cette façon, en les additionnant, on élimine une des inconnues.

• *Exemple :*
Résoudre le système suivant : $\begin{cases} -3x + 4y = 23 \\ 2x + y = 3 \end{cases}$

Première phase : on détermine y.

$$\begin{cases} -3x + 4y = 23 \\ 2x + y = 3 \end{cases}$$

On multiplie les deux membres de la première équation par 2 et les deux membres de la seconde par 3.

$$\begin{cases} 2 \times (-3x + 4y) = 2 \times 23 \\ 3 \times (2x + y) = 3 \times 3 \end{cases}$$

On développe les parenthèses.

$(+) \begin{cases} -6x + 8y = 46 \\ 6x + 3y = 9 \end{cases}$

Les coefficients de x sont opposés.
On additionne les deux équations membre à membre de manière à éliminer x.

$-6x + 6x + 8y + 3y = 46 - 9$

On obtient l'équation $11y = 55$. Donc $y = \dfrac{55}{11} = 5$.

Deuxième phase : on détermine x.

$$\begin{cases} -3x + 4y = 23 \\ 2x + y = 3 \end{cases}$$

On multiplie les deux membres de la première équation par -1 et les deux membres de la seconde par 4.

VIII- ÉQUATIONS ET INÉQUATIONS

$$\begin{cases} -1 \times (-3x + 4y) = -1 \times 23 \\ 4 \times (2x + y) = 4 \times 3 \end{cases}$$

$$\begin{cases} 3x - 4y = -23 \\ 8x + 4y = 12 \end{cases}$$

En additionnant membre à membre les deux équations, on obtient l'équation $11x = -11$.

Donc $x = -\dfrac{11}{11} = -1$.

Le système a pour solution unique le couple $(-1 ; 5)$.

e - Cas particuliers

• *Exemple 1 :*

$$\begin{cases} 2x - 5y = 8 \\ 10x - 25y = 40 \end{cases}$$

On multiplie la première équation par 5, on obtient le système équivalent :

$$\begin{cases} 10x - 25y = 40 \\ 10x - 25y = 40 \end{cases}$$

Les deux équations sont semblables, le système admet une infinité de solutions. On dit que **le système est indéterminé**.

• *Exemple 2 :*

$$\begin{cases} 3x + 4y = 3 \\ 6x + 8y = 40 \end{cases}$$

On multiplie la première équation par 2, on obtient le système équivalent :

$$\begin{cases} 6x + 8y = 6 \\ 6x + 8y = 10 \end{cases}$$

On aboutit à l'égalité fausse $6 = 6x + 8y = 10$. Ce système n'admet aucune solution. On dit que **le système est impossible**.

f - Traduire un problème par un système d'équation

On suit la même démarche que pour la mise en équations d'un problème.

• *Exemple :*

Pour trois croissants et cinq pains au raisin, j'ai donné au boulanger 8,2 €. Pour quatre croissants et deux pains au raisin, je dois payer 5,8 €.
Quel est le prix d'un croissant ? Quel est le prix d'un pain au raisin ?

Choix des inconnues : Soit x le prix d'un croissant et y le prix d'un pain au raisin.

Mise en équations du problème :
$$\begin{cases} 3x + 5y = 8,2 \\ 4x + 2y = 5,8 \end{cases}$$

Première phase : on détermine y.
On multiplie par 4 la 1re équation et par -3 la seconde.
On additionne les deux équations membre à membre :

$\oplus \begin{cases} 12x + 20y = 32,8 \\ -12x - 6y = -17,4 \end{cases}$

$-12x + 12x + 20y - 6y = 32,8 - 17,4$

On obtient $14y = 15,4$. Donc $y = \dfrac{15,4}{14} = 1,1$.

$\begin{cases} 6x + 10y = 16,4 \\ -20x - 10y = -29 \end{cases}$

On a multiplié par 2 la 1re équation et par -5 la seconde.
On additionne les deux équations membre à membre.
$6x - 20x + 10y - 10y = 16,4 - 29$.

On obtient $-14x = -12,6$. Donc $x = \dfrac{-12,6}{-14} = 0,9$.

Le système a pour solution unique le couple $(0,9 ; 1,1)$.

Conclusion : Un croissant coûte 0,9 € et un pain au raisin 1,1 €.

5 - Inéquations à une inconnue

a - Inéquation

Qu'est-ce qu'une inéquation ?

> **Définition**
> Une inéquation à une inconnue x est une expression contenant la lettre x et l'un des symboles $<$, $>$, $\leq$ et $\geq$.

• *Exemple :*

L'inégalité $2x + 3 \leq 3x - 7$ est une inéquation d'inconnue x.

Contrairement à l'équation $2x + 3 = 3x - 7$ qui admet pour unique solution 10, l'inéquation $2x + 3 \leq 3x - 7$ admet une infinité de solutions. Ce sont tous les nombres supérieurs ou égaux à 10 car ils rendent l'inégalité vraie.

Résoudre une inéquation, c'est trouver tous les nombres qui rendent l'inégalité vraie.

b - Propriété des inéquations

Pour résoudre les inéquations, on utilise les propriétés suivantes :

> **Propriété**
> Si on ajoute ou si on retranche le même nombre à chaque membre d'une inéquation, on obtient une inéquation équivalente.

• *Exemple :*

Soit l'inéquation $2x + 2 < x + 5$.
On retranche 2 à chaque membre de l'inéquation.
$2x + \underbrace{2 - 2}_{0} < x + 5 - 2$

On retranche x à chaque membre de l'inéquation.
$2x - x < \underbrace{x - x}_{0} + 3$

VIII- ÉQUATIONS ET INÉQUATIONS

On obtient une inéquation plus simple.
$x < 3$
On dit que l'on a transposé 2 et x.

> **Propriété**
> Si on multiplie ou si on divise par le même nombre strictement positif chaque membre d'une inéquation, on obtient une inéquation équivalente.

• *Exemple :*

Soit l'inéquation $\frac{x}{5} > 3$.

$\frac{x}{5} > 3$ On multiplie par 5 chaque membre de l'inéquation.

$5 \times \frac{x}{5} > 5 \times 3$

$x > 15$

> **Propriété**
> Si on multiplie ou si on divise par le même nombre strictement négatif chaque membre d'une inéquation comportant le symbole $<$, on obtient une inéquation équivalente en remplaçant le symbole $<$ par $>$.

On peut remplacer les symboles $<$ et $>$, respectivement par $>$ et $<$, ou $\leq$ et $\geq$, ou bien $\geq$ et $\leq$.

• *Exemple :*

Soit l'inéquation $-3x \leq 12$.
$-3x \leq 12$ On divise chaque membre de l'inéquation par -3.
$\frac{-3x}{-3} \geq \frac{12}{-3}$ L'inégalité change de signe.
$x \geq -4$

c - Résolution d'inéquations du premier degré

• *Exemple 1 :*

Soit à résoudre l'inéquation $6x + 3 < 4x + 7$.

VIII- Équations et inéquations

$6x + 3 < 4x + 7$ On transpose $4x$ et 3.
$6x - 4x < 7 - 3$ On réduit les deux membres.
$2x < 4$ On divise les deux membres par 2.
$x < 2$

Les nombres solutions sont les nombres strictement inférieurs à 2.

Représentation graphique des solutions :

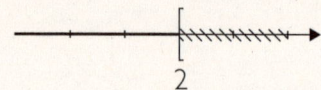

Le crochet tourné vers l'extérieur indique que 2 est exclu de l'ensemble des solutions. On raye la partie de la droite qui ne convient pas.

- **Exemple 2 :**

Soit à résoudre l'inéquation $3x + 5 \leq 7x + 13$.

$3x + 5 \leq 7x + 13$ On transpose $7x$ et 5.
$3x - 7x \leq 13 - 5$ On réduit les deux membres.
$-4x \leq 8$ On divise les deux membres par -4.
$x \geq \dfrac{8}{-4}$
$x \geq -2$

Les nombres solutions sont les nombres supérieurs ou égaux à -2.

Représentation graphique des solutions :

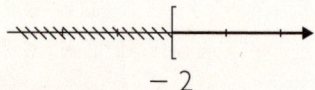

Le crochet tourné vers l'intérieur indique que -2 appartient à l'ensemble des solutions.

Cas particuliers :

L'inéquation $0x > 1$ n'admet pas de solution.
Par contre tout nombre est solution de l'inéquation $0x < 1$.

d - Systèmes de deux inéquations

> **Définition**
> Un système d'inéquation est un groupement d'inéquations.

• *Exemple :*

$$\begin{cases} 2x + 3 \geq 8 \\ 5x - 6 < 2x + 3 \end{cases}$$

C'est un système de deux inéquations à une inconnue.

Résolution :

$$\begin{cases} 2x + 3 \geq 8 \\ 5x - 6 < 2x + 3 \end{cases}$$

$$\begin{cases} 2x \geq 8 - 3 \\ 5x - 2x < 3 + 6 \end{cases}$$

$$\begin{cases} 2x \geq 5 \\ 3x < 9 \end{cases}$$

$$\begin{cases} x \geq \dfrac{5}{2} \\ x < \dfrac{9}{3} \end{cases}$$

$$\begin{cases} x \geq 2,5 \\ x < 3 \end{cases}$$

Les nombres solutions du système sont les nombres supérieurs ou égaux à 2,5 et inférieurs strictement à 3.

Représentation graphique :

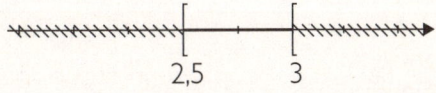

IX
PROPORTION ET POURCENTAGES

1 - Proportionnalité

a - Tableau de proportionnalité

> **Définition**
> On dit que deux suites de nombres sont proportionnelles si :
> • Il y a autant de nombres dans chaque suite.
> • Le tableau formé par ces deux suites est un tableau de proportionnalité.
> • Le rapport d'un nombre de la première ligne par le nombre correspondant de la seconde ligne est constant et il est égal au coefficient de proportionnalité.

• *Exemple :*

On considère le tableau suivant :

8	12	34	68
10	15	42,5	85

$$\frac{10}{8} = \frac{15}{12} = \frac{42,5}{34} = \frac{85}{68} = 1,25$$

Tous les quotients sont égaux à 1,25. C'est un tableau de proportionnalité et le coefficient de proportionnalité est 1,25.

🎓 **Règle :** Dans un tableau de proportionnalité, le coefficient se calcule en divisant le nombre de la deuxième ligne par le nombre correspondant de la première ligne.

⚠️ Le coefficient de proportionnalité n'est pas toujours un nombre décimal.

• *Exemple :*

On considère le tableau suivant :

15	12	21	30
5	4	7	10

$$\frac{5}{15} = \frac{4}{12} = \frac{7}{21} = \frac{10}{30} = \frac{1}{3}$$

Le coefficient de proportionnalité est $\frac{1}{3}$.

b - Propriétés des suites proportionnelles

> **Propriété**
> Lorsque deux suites sont proportionnelles, si on double, triple... une valeur de l'une des suites, alors la valeur correspondante double, triple... aussi. Autrement dit, les deux suites varient dans les mêmes proportions.

• *Exemple :*

On considère le tableau de proportionnalité suivant :

5	10	15	20
9	18	27	36

(×2, ×3, ×4)

> **Propriété**
> Dans un tableau de proportionnalité, les « produits en croix » sont égaux deux à deux.

• *Exemple :*

12	15	18	22
30	37,5	45	55

On constate que 12 × 37,5 = 450 et 30 × 15 = 450
15 × 45 = 675 et 18 × 37,5 = 675
18 × 55 = 990 et 22 × 45 = 990

Les « produits en croix » sont égaux.

c - Déterminer une quatrième proportionnelle

• *Exemple :*

Une voiture consomme 6 litres d'essence aux 100 km.
Quelle est la quantité d'essence nécessaire pour parcourir 250 km ?
Combien de kilomètres peut-on parcourir avec 45 litres d'essence ?
C'est une situation de proportionnalité. Pour résoudre ce type de problème, il peut être utile de dresser un tableau.

Consommation (en l)	6	x	45
Distance parcourue (en km)	100	250	y

On utilise les « produits en croix » $x = \dfrac{250 \times 6}{100} = 15$ litres

$y = \dfrac{45 \times 100}{6} = 750$ km

d - Proportionnalité et graphique

• *Exemple :*

On considère le tableau de proportionnalité suivant :

2	4	6	8
7	14	21	28

À chaque colonne du tableau, on associe un point du plan ayant pour abscisse le nombre de la première ligne et en ordonnée celui de la deuxième ligne qui lui correspond. Avec ces points, on construit un graphique.

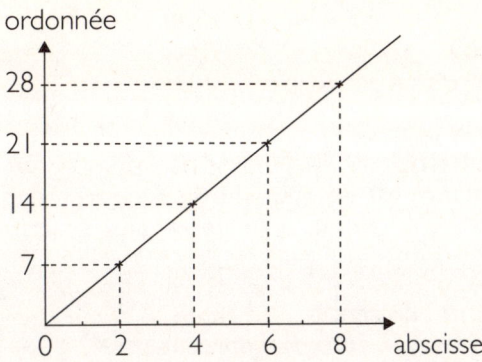

> **Propriété**
> Dans une situation de proportionnalité, les points sont alignés avec l'origine.

2 - Pourcentages

a - Pourcentages et proportionnalité

Les pourcentages sont très présents dans la vie quotidienne.

• *Exemple :*

Lors des soldes, un magasin annonce 20 % de réduction.
Cela signifie que, pour un article affiché 100 €, la réduction est de 20 €.
Si un article coûte 65 €, quel sera le montant de la réduction ?
La réduction et le prix initial sont des grandeurs proportionnelles.
On dresse un tableau de proportionnalité :

Prix initial	100	65
Réduction	20	x

$$x = \frac{65 \times 20}{100} = 13$$

La réduction est de 13 €.

IX- Proportion et pourcentages

Calculer 20 % d'un nombre, c'est multiplier ce nombre par le quotient $\frac{20}{100}$).

D'une manière plus générale :

> **Définition**
>
> Un pourcentage est un quotient de dénominateur 100.
> Calculer t % d'un nombre (un prix, une quantité…), c'est multiplier ce nombre par le quotient $\frac{t}{100}$.
>
> t % se lit « t pour cent ».
> Le nombre t est le taux de pourcentage.

• *Exemple :*

Le loyer de Monsieur Bouvet est de 600 €. Il augmente de 4 %. Quelle est l'augmentation ? Quel est le nouveau loyer ?

$600 \times \dfrac{4}{100} = 600 \times 4 : (100) = 24$ €

L'augmentation est de 24 €. Le nouveau loyer est de 24 + 600 = 624 €.

b - Calculer un pourcentage

• *Exemple :*

Lors d'un sondage, 754 personnes sur les 1 300 interrogées avouent préférer passer leurs vacances au bord de la mer. Quel pourcentage cela représente-t-il ?

C'est une situation de proportionnalité. On range les données dans un tableau.

Effectif total	1 300	100
Effectif préférant les vacances au bord de la mer	754	x

$$x = \frac{754 \times 100}{1\ 300} = 58$$

58 % des personnes préfèrent passer leurs vacances au bord de la mer.

TABLE DES SYMBOLES

Signe	Signification	Exemple
=	égal à	$2 + 3 = 5$
$\neq$	différent de	$2 \neq 5$
$\approx$ ou $\cong$	environ égal à	$\pi \approx 3{,}14$
<	strictement inférieur à	$2 < 3$
>	strictement supérieur à	$4 > 2$
$\leq$	inférieur ou égal à	$4 \leq 6$; $2 \leq 2$
$\geq$	supérieur ou égal à	$5 \geq 1$; $3 \geq 3$
+	plus	$1 + 1 = 2$
−	moins	$3 - 2 = 1$
×	fois ou multiplié par	$4 \times 5 = 20$
:	divisé par	$36 : 9 = 4$
÷	divisé par	Division sur les calculatrices
/ ou —	divisé par ou sur	$2/5$ ou $\dfrac{2}{5}$
$\square^2$	au carré puissance 2	$5^2 = 5 \times 5 = 25$
$\square^3$	au cube puissance 3	$5^3 = 5 \times 5 \times 5 = 125$
$\square^n$	puissance n exposant n	$5^n = 5 \times \ldots \times 5$ n fois
$\sqrt{}$	racine carrée radical	$\sqrt{225} = 15$

Librio

595

Composition PCA – 44400 Rezé
Achevé d'imprimer en France par Aubin
en février 2008 pour le compte de E.J.L.
87, quai Panhard-et-Levassor, 75013 Paris
Dépôt légal février 2008
1er dépôt légal dans la collection : juin 2003
EAN 9782290332450

Diffusion France et étranger : Flammarion